Funkschau
Telecom

Funkschau
Telecom

Torsten Kessler

Funkrufdienste im praktischen Einsatz

Alles über Eurosignal, Cityruf, Euromessage, Inforuf und ERMES

Mit 99 Abbildungen

Franzis'

Die Deutsche Bibliothek – CIP-Einheitsaufnahme

Kessler, Torsten:
Funkrufdienste im praktischen Einsatz: alles über Eurosignal, Cityruf, Euromessage, Inforuf und ERMES / Torsten Kessler. – München: Franzis, 1992
(Funkschau : Telecom)
ISBN 3-7723-4741-X

Satz: Lutz Friedrich, 8011 Zorneding-Pöring
Druck: Schoder Druck GmbH & Co. KG, Augsburg
Printed in Germany - Imprimé en Allemagne.

ISBN 3-7723-4741-X

Vorwort

Derzeit erlebt der Mobilfunk in Europa einen unwahrscheinlichen Boom. In den tradionellen Mobilfunkländern wie Dänemark, Norwegen, Schweden, Finnland und Island wird dieser Telekommunikationszweig schon seit vielen Jahren stark genutzt. Das hängt nicht zuletzt mit der Problematik zusammen, daß in diesen dünn besiedelten Ländern ein flächendeckendes Drahtnetz wie in der Bundesrepublik Deutschland nicht wirtschaftlich wäre. Den Anschluß an die Länder aus dem hohen Norden haben die Briten erreicht. Hier erlebt der Mobilfunk eine Hochphase mit starken Zuwächsen im Funktelefonbereich.

Mit die größten Steigerungsraten im Mobilfunk können aus der Bundesrepublik Deutschland vermeldet werden. Das ist aber kein Wunder, da Deutschland im Mobilfunkbereich noch als »Entwicklungsland« zu bezeichnen ist. In den letzten drei Jahren sind aber eine Reihe neuer Mobilfunkdienste hinzugekommen. Derzeit unterscheidet man in Deutschland zwischen den Funktelefondiensten, den Funkrufdiensten, den Satellitenfunkdiensten, dem Datenfunkdienst, dem Bündelfunkdienst und den sogenannten »anderen Funkdiensten«.

Das bedeutet natürlich für den Kunden ein breites Spektrum von Diensten. Allerdings dürfte es heutzutage vielen Menschen recht schwer fallen, alle Funkdienste klar unterscheiden zu können.

Dieses Vorwort soll eine kurze Erläuterung zu den oben aufgezählten Funkdiensten geben.

Beginnen wir mit den Funktelefondiensten. Hier gibt es derzeit noch drei verschiedene Funktelefonverfahren. Dabei handelt es sich um das B-Netz, das C-Netz und die beiden D-Netze. Bei dem B-Netz handelt es sich um ein analoges Funktelefonverfahren, bei dem der Anrufer wissen muß, in welcher Funkzelle sich das Funktelefon befindet. Jede Funkzelle hat ihre eigene Vorwahl. Das C-Netz ist ebenfalls ein analoges Funktelefonnetz, mit dem Vorteil, daß der Anrufer nicht wissen muß, wo sich das Funktelefon befindet. Das C-Netz verfügt nämlich über eine bundeseinheitliche Vorwahl. Selbstverständlich verfügen auch die beiden D-Netze über bundeseinheitliche Vorwahlen. Der Unterschied zwischen dem D1-Netz und und dem D2-Netz liegt lediglich im Netzbetreiber und nicht in der Technik. D1-Netzbetreiber ist die Telekom und D2-Netzbetreiber ist die Mannesmann Mobilfunk GmbH, die als erste eine Lizenz für ein privates Funktelefonnetz erhalten haben. Die beiden D-Netze werden in einem paneuropäischen Standard aufgebaut, d. h. diese Technik wird in insgesamt 19 verschiedenen Ländern aufgebaut. Die Netze in diesen Ländern sind untereinander kompatibel. Außerdem sind die beiden D-Netze volldigitalisierte Systeme.

Es gibt derzeit nur zwei Funkrufdienste. Beide Funkrufdienste mit ihren Zusatzdiensten und technischen Möglichkeiten (sprich Anwendungen) werden in diesem Buch beschrieben.

Des weiteren haben wir den Satellitenfunk in der Mobilfunkpalette in Deutschland. Die Deutsche Bundespost Telekom ist eines von insgesamt 62 Mitgliedern der Internationalen Maritimen Satellitenorganisation kurz Inmarsat genannt. Inmarsat bietet derzeit verschiedene Dienste an, den sogenannten Inmarsat A- und C-Dienst. Mit beiden Systemen ist es möglich, von jedem Punkt der Erde eine Verbindung zu einem x-beliebigen Telefonnetz zu erhalten. Zu diesem Zwecke unterhält diese Organisation eine Vielzahl von Satelliten in der geostationären Bahn im Weltall. Der Inmarsat A-Dienst erlaubt dem Benutzer folgende Dienste: Telefon, Faksimile, Telex, Teletex und Datendienste mit 9600 bit/s. Der Inmarsat C-Dienst ist dagegen nur für Datenübertragung geeignet. Die Daten können mit einer Geschwindigkeit von 600 bit/s übermittelt werden. Aber auch hierfür existiert ein großes Anwendungsgebiet und vor allem auch ein Anwendungsbedarf.

Als nächsten Funkdienst haben wir die Datenübertragung via Funk. Dieser Datenfunkdienst ist zur Zeit noch in der Erprobung. Er soll einmal nahezu flächendeckend aufgebaut werden. Mit diesem System kann man Daten mit maximal 9600 bit/s übertragen. Das Ganze ist protokollgesichert (X.25) und wird paketorientiert vermittelt. Das bedeutet, daß die zu versendenden Daten nicht en bloc übertragen werden, sondern in kleinen Paketen. Jedes Paket wird mit Adresse und Prüfbits versehen und auf die Reise geschickt. In der leitergebundenen Technik gibt es einen Datendienst mit der gleichen Übertragungstechnik, den Datex-P-Dienst. Diese Art der Datenübertragung gilt als besonders zuverlässig. Dieser Datenfunkdienst wird derzeit erprobt. Netzbetreiber ist, wie könnte es anders sein, die Telekom. Die Telekom nennt diesen Datenfunk Modacom. Das steht für mobile Datenübertragung.

Eine weitere neue Errungenschaft der Technik stellt die sogenannte Bündelfunktechnologie dar. Der Bündelfunk soll die Probleme des herkömmlichen

Betriebfunkes in den Ballungszentren lösen helfen. Im Normalfall sind im Betriebsfunk mehrere Firmen auf einer Frequenz untergebracht. Die Endgeräte sind auf eine einzige, nämlich der zugeteilten Frequenz, gequarzt. Das bedeutet, daß bei einem Gespräch zwischen einer Zentrale und einem Fahrer alle anderen Endgeräte auf dieser Frequenz mithören können. Dazu kommt noch, daß zu viele Endgeräte auf einer Frequenz arbeiten. Neue Frequenzen sind äußerst rar. Die Lösung heißt Bündelfunk. Im Gegensatz zu dem Betriebsfunk, wo der Betreiber seine eigenen Sende- und Empfangsanlagen aufbauen und warten muß,wird beim Bündelfunk von einem einzigen Netzbetreiber die Netzinfrastruktur aufgebaut. Der Netzbetreiber kann dann so viele Endgeräte zulassen, wie sein Netz verarbeiten kann. Das Neue an diesem System ist, daß in diesem Netz ein Bündel von Frequenzen zur Verfügung gestellt wird. Sobald ein Gesprächswunsch besteht, wird dies vom Netz erkannt, und den beiden Gesprächspartnern wird über einen Organisationskanal eine Frequenz rechnergesteuert zugewiesen. Vorteil: Es kann kein Dritter auf diese Frequenz zugreifen. Ein weiterer Vorteil liegt in der Reichweite dieser Systeme. Im Gegensatz zum Betriebsfunk, wo die maximale Reichweite 15 km beträgt, können mit der Bündelfunktechnologie ganze Wirtschaftsräume funkmäßig versorgt werden. Ein weiteres Feature ist der Zugang zum öffentlichen Telefonnetz. Das bedeutet, daß man mit einem Bündelfunkendgerät (ein Vielkanalgerät) in das öffentliche Telefonnetz hineintelefonieren kann. Ob man auch in ein Bündelfunknetz hineintelefonieren kann, entscheidet alleine der jeweilige Netzbetreiber.

Ein weiterer Mobilfunkdienst ist momentan in zwei verschiedenen Pilotgebieten in der Erprobung. Dieser Dienst wird von dem Netzbetreiber Telekom birdie genannt. Dabei handelt es sich um einen sogenannten Telepoint-Dienst. Bei diesem System existieren öffentliche Basisstationen, über die man genauso telefonieren kann wie zu Hause über die schnurlosen Telefone. Der Unterschied zu dem schnurlosen Telefon zu Hause besteht nur darin, daß man über eine öffentliche Heimstation nicht angerufen werden kann. Allerdings ist noch keine Entscheidung darüber gefallen, ob dieser Dienst in allen deutschen Großstädten aufgebaut wird.

Diese vorgestellten Mobilfunkdienste gehören zu den sogenannten öffentlichen mobilen Landfunk-Diensten. Öffentliche Funkdienste sind Dienste, an denen jedermann teilnehmen kann. Im Gegensatz dazu gibt es noch den nicht-öffentlichen mobilen Landfunk. An diesen Funkdiensten kann nur jemand teilnehmen, der seinen Bedarf nachweisen kann (z. B.: wenn jemand eine Frequenz für seinen Betriebsfunk haben möchte, muß er erst seinen Bedarf diesbezüglich nachweisen).

An dieser kurzgefaßten Beschreibung der öffentlichen Mobilfunkdienste wird ersichtlich, daß es für den Otto Normalverbraucher heute gar nicht so einfach ist, alle Funkdienste zu kennen und sie auch noch auseinanderzuhalten.

Dieses Buch soll Ihnen, lieber Leser, eine Einführung in die Funkdienste geben. Des weiteren möchte der Autor Sie in bezug auf Anwendungen etwas sensibilisieren. Außerdem wünscht sich der Autor, daß nach dem Lesen dieses Buches so gut wie keine Fragen bezüglich der Funkrufdienste mehr offen bleiben.

Wichtiger Hinweis

Inhalt

1 Eurosignal

1.1 Was ist Eurosignal?

In der heutigen Zeit spielt die Mobilität des Einzelnen eine immer größere Rolle. Daher liegt auch der Mobilfunk im Trend der Zeit. Wirtschaftsexperten prognostizieren, daß bis Ende des Jahrzehnts der Anteil der Telekommunikation am Bruttosozialprodukt sich verdreifachen wird. Dem Mobilfunk werden innerhalb des Telekommunikationmarktes allgemein die größten Steigerungsraten vorausgesagt. Deshalb ist es auch verständlich, daß sich die Palette der Mobilfunk-Dienstleistungen in den letzten Jahren stark vergrößert hat.

Aber erinnern wir uns an die Anfänge des Mobilfunks. Da gab es Anfang der 50er Jahre das erste Autotelefon-Netz, das sogenannte A-Netz. Es war zwar nicht allzu komfortabel, bot aber die Möglichkeit, aus einem Fahrzeug heraus zu telefonieren. Das war damals für viele Leute schon etwas ganz Sensationelles. Bei dem A-Netz mußte der Fahrer eine Vermittlung anwählen und sich von dort handvermittelt weiter verbinden zu lassen.

Als nächstes führte die damalige Deutsche Bundespost eine komfortablere Version eines Autotelefon-Netzes ein, das B-Netz. Bei diesem B-Netz bestand schon die Möglichkeit, jeden Telefonanschluß direkt anzuwählen. Dieses Netz verfügte genau wie das A-Netz über eine sehr geringe Teilnehmer-Kapazität. Die zweite »Schwachstelle« stellten die Kosten dar. Für die damaligen Verhältnisse bewegten sich sowohl die Endgerätepreise als auch die monatlichen Grundgebühren in horrender Höhe.

Außer diesen beiden Netzen existierte keine Möglichkeit, jemanden unterwegs im Fahrzeug zu erreichen. Was fehlte, war eine preiswerte Alternative zum Autotelefon. Diese wurde 1974 mittels eines Funkrufsystems geschaffen – dem Eurosignal-Dienst.

Der Wunsch, einen Funkrufdienst aufzubauen, hatten die Deutschen allerdings nicht alleine. Bereits 1970 wurden damals von der CEPT (Conference Européennes des Administrations des Postes et Télécommunications = Europäische Konferenz der Post- und Fernmeldeverwaltungen) die Normen für einen einheitlichen internationalen Funkrufdienst erarbeitet. Die damalige

Deutsche Bundespost realisierte diese Dienstleistung 1974 und baute den Eurosignal-Dienst flächendeckend in den alten Bundesländern auf.

Bis heute stellt der Eurosignal-Dienst den einzigen flächendeckenden Funkrufdienst innerhalb der Bundesrepublik (alt) dar.

Aber was ist eigentlich ein Funkrufdienst?

Unter Funkrufdienst versteht man die Übermittlung eines akustischen/optischen Rufsignals an einen Funkruf-Empfänger. Funkrufdienste zeichnen sich durch eine Kommunikation in nur eine Richtung (Einweg-Kommunikation) aus. Mit dem Funkruf-Empfänger können dann, wie der Name schon sagt, ausgesendete Signale (Funkrufe) empfangen werden.

Abb. 1 (Quelle Fa. Swissphone)

1.2 Funktionsweise des Eurosignals

Betrachten wir uns den Eurosignal-Dienst etwas näher. Wir wissen nun, daß man mit einem Funkruf-Empfänger ein akustischen und/oder optisches Signal empfangen kann.

Vor Ankommen des Signals muß dieses zunächst einmal ausgesendet werden.

Diese Aussendung erfolgt ganz einfach mit dem Telefon. Auf jeden Eurosignal-Empfänger werden mindestens eine, maximal vier Funkrufnummern geschaltet. Die Anwahl einer Funkrufnummer hat ein Signal zur Folge, das ausgestrahlt und von dem betreffenden Empfänger empfangen wird.

Da ein Empfänger über maximal vier Funkrufnummern verfügt, muß es eine Möglichkeit geben, diese vier verschiedenen Signale zu unterscheiden; dieses wird durch Leuchtdioden erreicht. Ein Eurosignal-Empfänger verfügt in der Regel über vier Leuchtdioden, wobei jede Leuchtdiode eine Funkrufnummer symbolisiert.

Das Aufblinken einer Leuchtdiode soll den derzeitigen Besitzer des Empfängers zu einer bestimmten – vorher fest vereinbarten – Handlung veranlassen. Zur Verdeutlichung sei nachfolgend ein Beispiel genannt:

Blinkt die Leuchtdiode 1 auf, bedeutet dies: IM BÜRO ANRUFEN. Der Leuchtdiode 2 kommt die Bedeutung: IM LAGER MELDEN zu...

Abb. 2 (Quelle: SEL)

Eurosignal-Empfänger der neusten Generation verfügen mittlerweile auch über ein Display. In diesem Display erscheint dann eine Ziffer zwischen 1 und 4. Diese Ziffern symbolisieren die Funkrufnummern.

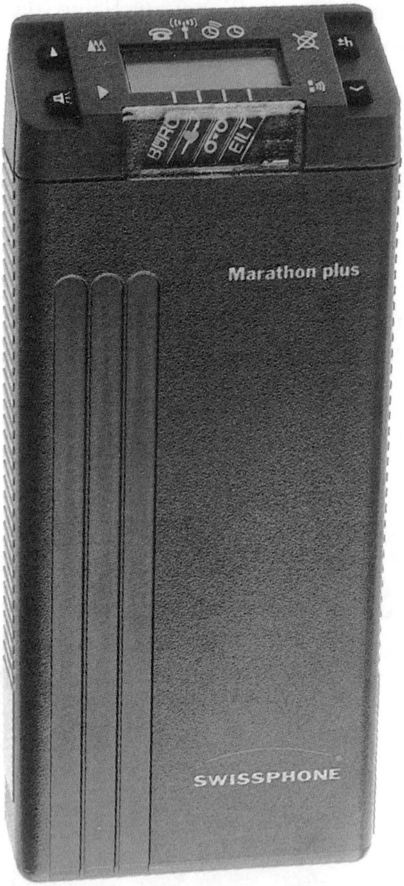

Abb. 3 (Quelle Swissphone)

Beispiel: Ein Eurosignal-Empfänger ist mit vier Funkrufnummern beschaltet. Bei der Anwahl des Empfängers über die zweite Funkrufnummer erscheint im Display eine 2.

Damit das abgesandte Signal den Empfänger erreichen kann (sichtbar an dem Aufblinken der Leuchtdioden oder erscheinen einer Ziffer im Display), muß gewährleistet sein, daß der Kanalschalter des Empfängers richtig eingestellt ist (siehe auch Abb. 1).

Zum Verständis muß vorausgeschickt werden, daß die Bundesrepublik (alt) in drei Funkrufbereiche – NORD, MITTE und SÜD – aufgeteilt ist. Jedem Funkrufbereich ist ein Kanal (Frequenz) und eine eigene Funkrufzentrale (also eine eigene Vorwahl) zugeordnet.

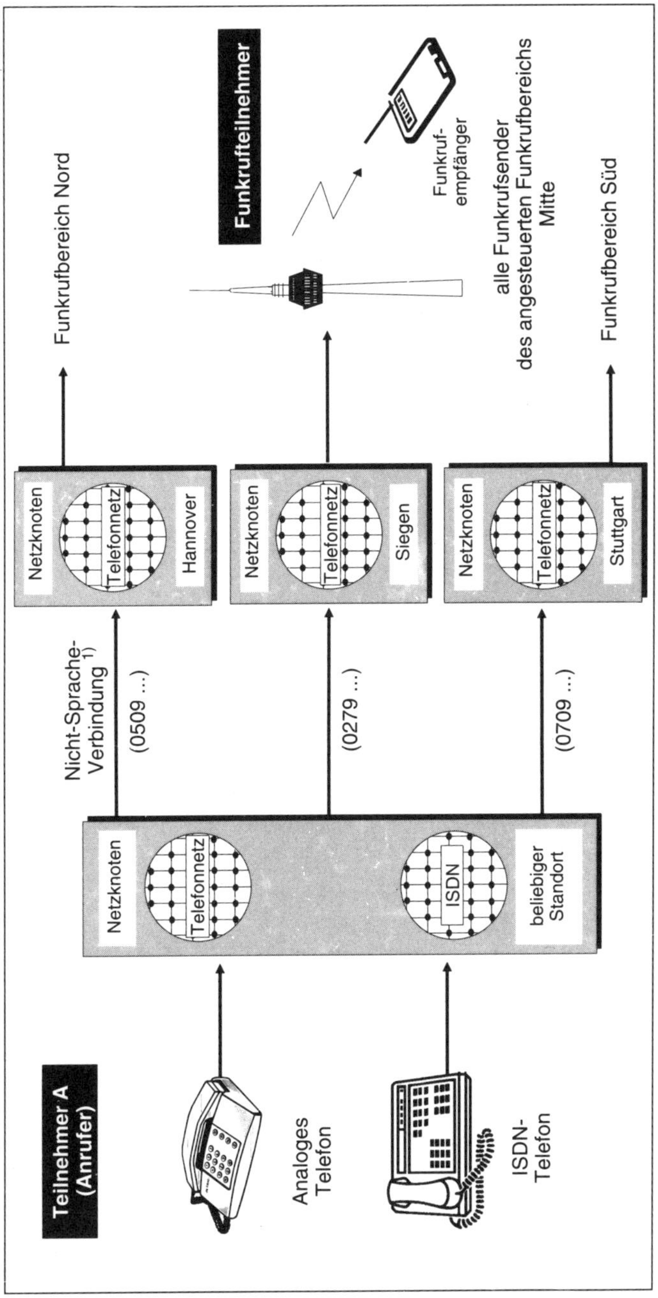

Abb. 4: Grundkonfiguration Eurosignal (Quelle Telekom)

Die Aufteilung der Funkrufbereiche ist folgendermaßen:

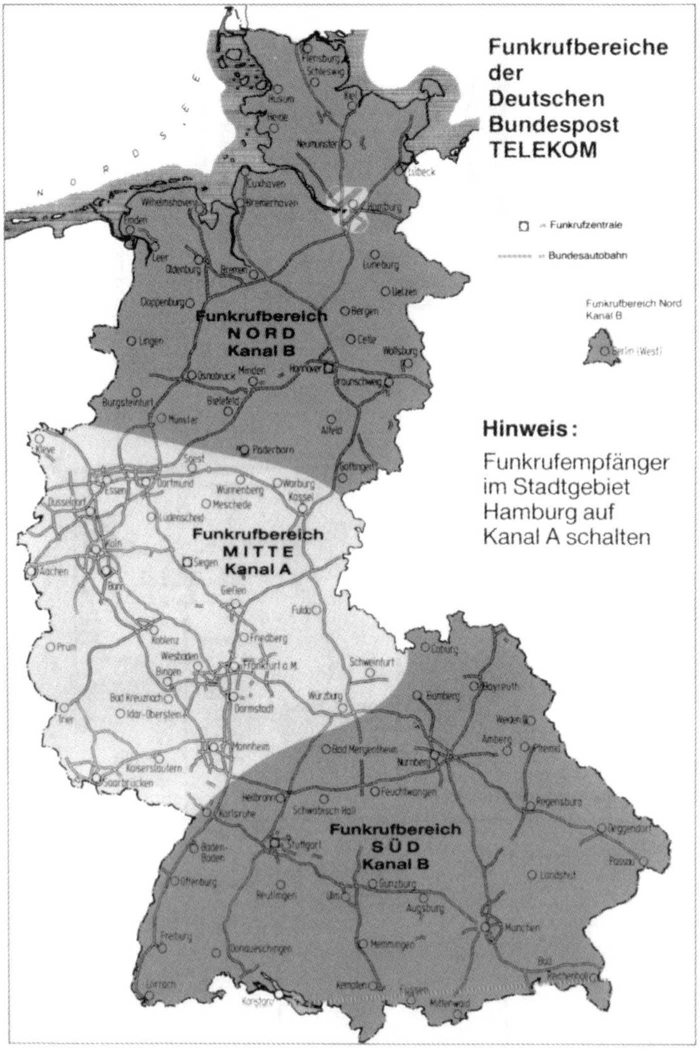

Abb. 5
(Quelle
Telekom)

Abweichend davon wird ein Funkruf-Empfänger in Hamburg auf Kanal A umgestellt.

Für die Erreichbarkeit ist es also wichtig, daß der Funkruf-Empfänger auf den richtigen Kanal eingestellt ist.

Das alleine gewährleistet jedoch nicht, daß der Funkruf richtig ankommt. Der Funkruf-Absender muß zunächst die entsprechende Vorwahl und zusätzlich die sechsstellige Funkrufnummer des Funkruf-Empfängers wählen.

Als Rückmeldung ertönt die Ansage »EUROSIGNAL« mit der Angabe des angewählten Funkrufbereiches (z. B.: EUROSIGNAL SÜD).

Die Ansage gibt die Gewähr dafür, daß der Funkruf in diesem Moment ausgesendet wird.

Neben dieser Ansage sind im Eurosignal-Dienst noch andere Ansagen möglich:

Ansagemöglichkeit 1: »Hinweiston – KEIN ANSCHLUSS UNTER DIESER NUMMER«.

Dies bedeutet, daß eine Funkrufnummer angewählt wurde, die nicht existiert.

Ansagemöglichkeit 2: »Hinweiston – FUNKRUF TEILGESTÖRT«.

Diese Ansage ertönt immer dann, wenn ein Teilbereich eines Funkrufbereiches ausgefallen ist. Das kann beispielsweise ein Funkrufsender sein, der gar nicht oder nur mit verminderter Leistung arbeitet.

Ansagemöglichkeit 3: »Hinweiston – FUNKRUF GESTÖRT«.

Bei dieser Ansage sind entweder mehrere Funkrufsender oder sogar die Funkrufzentrale ausgefallen.

Ob ein Funkruf den Funkruf-Empfänger auch erreicht, ist auch abhängig vom Standort des Empfängers. Eurosignal-Empfänger können prinzipiell innerhalb und außerhalb von Gebäuden und Fahrzeugen betrieben werden.

Im Freien ist mit keiner Beeinträchtigung der Erreichbarkeit zu rechnen.

Innerhalb von Fahrzeugen kann es dagegen zu einer Beeinträchtigung kommen, die aber dadurch kompensiert werden kann, indem man für den Funkruf-Empfänger die UKW-Antenne des Autoradios mitbenutzt. Der Empfang von Funkrufen innerhalb von Gebäuden ist abhängig von den baulichen Gegebenheiten. Grundsätzlich kann aber festgestellt werden, daß der Empfang von Funkrufen innerhalb von Gebäuden problematisch ist.

Nachdem nun alle Bedingungen für das erfolgreiche Absenden und Empfangen von Funkrufen erläutert worden sind, soll nicht verschwiegen werden, daß der Eurosignal-Dienst über zwei verschiedene Rufarten verfügt.

Eine Rufart, wir haben sie bereits kennengelernt, stellt der Einzelruf dar. Bei dieser Rufart wird mit Absenden eines Funkrufes ein Funkruf-Empfänger angesprochen. Mit der anderen Rufart – dem Gruppenruf – wird mit einem Funkruf gleichzeitig eine beliebige Anzahl von Funkruf-Empfängern erreicht. Das bedeutet folgerichtig, daß alle diese Funkruf-Empfänger dieselbe Funkrufnummer besitzen. Abschließend soll noch erwähnt werden, daß auf einen Funkruf-Empfänger Funkrufnummern beider Rufarten geschaltet werden können.

1.3 Mit Eurosignal über die Grenzen erreichbar

Wie schon im Punkt 1.1 erwähnt, wurde der Eurosignal-Dienst als europäischer Funkrufdienst konzipiert. Sein Siegeszug in Europa fand bereits 1975 ein jähes Ende. Nachdem die französische Fernmeldeverwaltung den Eurosignal-Dienst nahezu flächendeckend aufgebaut hatte, bekundete keine andere europäische Fernmeldeverwaltung Interesse an diesem Funkrufdienst.

Es dauerte zehn Jahre (1985), bis die Eidgenossen als drittes europäisches Land diesen Dienst aufbauten. Zudem ist Eurosignal in grenznahen Bereichen in Belgien und den Niederlanden nur bedingt einsetzbar.

Deshalb darf bemerkt werden, daß der Name »EUROSIGNAL« eine falsche Erwartungshaltung in dem potentiellen Eurosignal-Nutzer in bezug auf die Europafähigkeit weckt!

Betrachten wir zunächst den Eurosignal-Dienst in der Schweiz. Im Gegensatz zu der Bundesrepublik (alt) existiert in der Schweiz nur ein Funkrufbereich mit einer Funkrufzentrale (dementsprechend nur eine Vorwahl). Demzufolge benötigen die Schweizer auch nur einen Kanal (Frequenz), nämlich Kanal D.

Wenden wir uns der Frage zu, wie ein Eurosignal-Empfänger in der Schweiz von Deutschland aus angewählt werden kann. Zunächst wählt man die Schweizer Funkrufzentrale an (040 aus der Schweiz, aus Deutschland mit Landeskennziffer, also 00 41 40), danach die sechsstellige Funkrufnummer. Beispiel: Anwahl eines Funkruf-Empfängers in der Schweiz mit der Funkrufnummer 82 99 99 von Deutschland aus.

0 0 4 1 4 0 8 2 9 9 9 9

ACHTUNG: Nicht vergessen, in der Schweiz auf Kanal D umzustellen.

Bevor wir uns Frankreich zuwenden, wollen wir einmal die internationalen Funkrufnummern betrachten. Internationale Funkrufnummern sind ebenso sechsstellig wie nationale, aber mit dem Unterschied, daß sie alle entweder mit 81 oder 82 beginnen.

Wenden wir uns nach diesem kleinen Exkurs dem Eurosignal in Frankreich zu.

In Frankreich stellt sich die richtige Anwahl eines Eurosignal-Empfängers recht kompliziert dar. Das ist auf die Tatsache zurückzuführen, daß Frankreich über sechs Funkrufbereiche mit drei unterschiedlichen Kanälen (Frequenzen) verfügt. Jeder Funkrufbereich besitzt eine eigene Funkrufzentrale. Diese wird aber nicht wie in Deutschland oder der Schweiz über eine eigene Vorwahl angewählt, sondern über zwei verschiedene Leitwege (01 und 02) und über eine einstellige Kennzahl. Die Aufteilung der Funkrufbereiche mit den dazugehörigen Kanälen und Kennzahlen gibt nachfolgende Übersicht wieder:

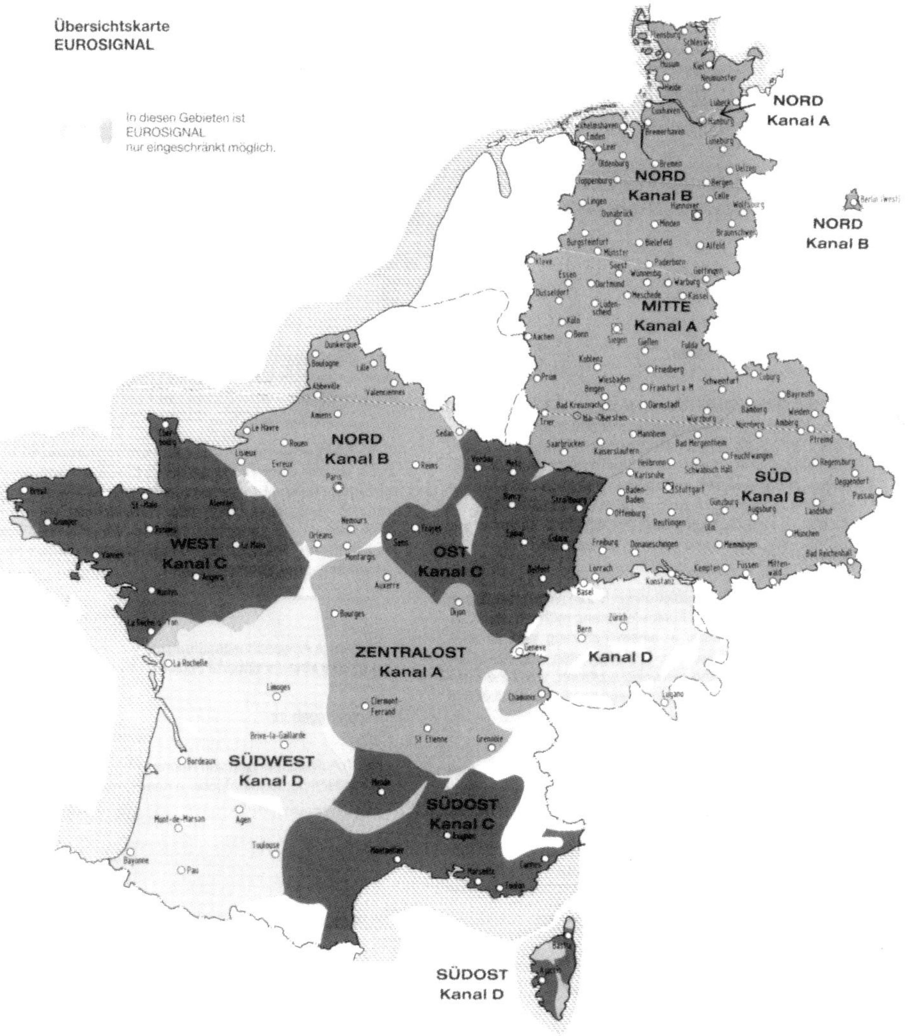

Abb. 6: Darstellung der Funkrufbereiche auf einer Karte (Quelle Telekom).

Funkrufzentrale	Kanal	Leitweg*)	Kennzahl	Funkruf-Nr.
NORD	C		2	
OST	C	01	3	1 XX XX
ZENTRALOST	A		7	
SÜDOST	C	bzw.	4	bzw.
SÜDWEST	D		6	
WEST	C	02	5	2 XX XX
KORSIKA	D		4	

*) Der Leitweg 01 ist für alle Funkrufnummern vorgesehen, die mit 81 beginnen. Dementsprechend muß der Leitweg 02 für alle Funkrufnummern, die mit 82 beginnen, benutzt werden.

Hinzu kommt, daß die erste Ziffer der Funkrufnummer (also die 8) weggelassen wird.

Betrachten wir uns als Beispiel die Anwahl eines Eurosignal-Empfängers mit der Funkrufnummer 82 99 99 in der Funkrufzone OST von Deutschland aus:

00 33 02 3 82 99 99

Bei der 00 33 handelt es sich um die Landeskennziffer von Frankreich.

Die Einstellung des richtigen Kanals durch den Besitzer des Eurosignal-Empfängers versteht sich mittlerweile schon von selbst.

Als Rückmeldung ertönt auch im Ausland die Ansage mit der Angabe des Funkrufbereiches. Alle anderen in Deutschland möglichen Ansagetexte existieren in der Schweiz und in Frankreich ebenfalls in der jeweiligen Landessprache.

1.4 Wie bekommt man eine Funkrufnummer?

Nach der Entscheidung, den Eurosignal-Dienst zu nutzen, steht zunächst einmal der Kauf eines Eurosignal-Empfängers an. Nach dem Kauf führt der erste Gang den Käufer direkt zum zuständigen Fernmeldeamt. Hier erteilt der Käufer (zukünftiger Betreiber) einen Funkrufdienstauftrag (Eurosignal).

Telekom
Deutsche Bundespost

Funkrufdienstauftrag (Eurosignal) **Eurosignal**

Auftraggeber
Vorname, Familienname/Firma, vollständige Anschrift, ggf. Postfach
Kundennummer
Vertragsnummer
Vertriebspunkt

Bitte mit Schreibmaschine oder Kugelschreiber ausfüllen.

Geburtsdatum – bei natürlichen Personen –
Ansprechpartner für Rückfragen | Telefonnummer
Ich bin bereits Telefonkunde
Anschrift für Rechnungen und sonstige Mitteilungen (falls nicht Ihre o. a. Anschrift) | Vorwahl und Rufnummer

Bereitstellung
Funkrufanschluß B (Aussendung von Funkrufsignalen im Bereich der Deutschen Bundespost TELEKOM) mit
☐ Einzelruf — Funkrufnummern: Anzahl
Terminwunsch
☐ Gruppenruf — Funkrufnummern: Anzahl
Funkrufanschlüsse innerhalb der Gruppe: Anzahl

Funkrufanschluß A (Aussendung von Funkrufsignalen im Bereich der Deutschen Bundespost TELEKOM und in Bereichen anderer Fernmeldeunternehmen) mit
☐ Einzelruf — Funkrufnummern: Anzahl

Angaben zum Empfangsgerät (Hersteller, Gerätetyp, Gerätenummer)
Zulassungsnummer

Änderung
☐ Die Anzahl der Funkrufnummern soll geändert werden.
zugehörige Vertragsnummer
Funkrufnummer nach der Änderung: Anzahl für Einzelruf | Anzahl für Gruppenruf

Besondere Wünsche

Telefonische Betreuung/ Werbung
☐ Als Kunde wünsche ich eine telefonische Betreuung durch die Deutsche Bundespost TELEKOM oder deren Beauftragten. Dabei erhalte ich ausschließlich Informationen und aktuelle Hinweise zu Produkten und Leistungen der Deutschen Bundespost TELEKOM. Von diesem Einverständnis kann ich als Kunde jederzeit zurücktreten.
☐ Ich verzichte auf die telefonische Betreuung, kann mich jedoch jederzeit nachträglich für diesen Informations-Service anmelden.

Einzugsermächtigung
Die Forderungen, die aufgrund dieses Auftrages fällig werden, sollen abgebucht werden:
☐ im Rahmen der bereits von mir erteilten Einzugsermächtigung für den oben angegebenen Telefonanschluß.
☐ aufgrund der nachfolgend erteilten Einzugsermächtigung.
Ich ermächtige die Deutsche Bundespost TELEKOM widerruflich, die Beträge der Fernmelderechnung vom nachstehenden Konto abzubuchen.
Unterschrift des Kontoinhabers (falls abweichend vom Auftraggeber)
Kontoinhaber | Kontonummer
Geldinstitut | Bankleitzahl
Ort

Freiwillige Angaben
Nutzung des Anschlusses: ☐ überwiegend privat ☐ überwiegend geschäftlich
Berufliche Stellung: ☐ Selbständige(r) ☐ Arbeitnehmer(in)
Branche bzw. Beruf

Werbung
☐ Ich bin damit einverstanden, daß meine Anschrift und ggf. die Berufsgruppe der Deutschen Postreklame GmbH für Werbezwecke übermittelt wird. Diese Einwilligung kann ich jederzeit widerrufen.
☐ Ich bin nicht damit einverstanden.

Unterschrift Auftraggeber
Die Vertragsabwicklung erfolgt nach den gültigen Bedingungen für den Funkrufdienst sowie den Preislisten der Deutschen Bundespost TELEKOM. Die Bedingungen und die Preislisten sind amtlich veröffentlicht und werden bei den Ämtern des Post- und Fernmeldewesens zur Einsicht bereitgehalten.
Ort/Datum
Unterschrift des Auftraggebers, bei Firmen und Behörden rechtsgültige Zeichnung.

04.91 A4 932 754 000-5

Abb. 7 (Quelle Telekom)

Dieser Auftrag muß hauptsächlich aus zwei verschiedenen Gründen erteilt werden. Erstens stellt der Auftrag die Grundlage zur Teilnahme am Eurosignal-Dienst dar und zweitens ist eine Zuteilung von Funkrufnummern nur mit diesem Auftrag möglich.

Es muß vorausgeschickt werden, daß die TELEKOM über ihre Dienststelle Funk Service jedem Eurosignal-Empfänger ein sogenanntes Funktionsteil einbaut. Bei diesem Funktionsteil handelt es sich um einen Chip, auf dem die Funkrufnummern abgespeichert sind.

Dieser Chip ist abhängig vom Hersteller und vom Gerätetyp. Deshalb müssen diese Angaben unbedingt auf dem Auftrag vermerkt werden. Zudem muß der Käufer die genaue Anzahl der gewünschten Funkrufnummern (national oder international) angeben.

Eine nachträgliche Änderung der Anzahl der Funkrufnummern bedeutet, daß in den Eurosignal-Empfänger ein neuer Chip eingebaut werden muß.

Der Funk Service der TELEKOM hat allerdings keine Chips auf Lager. Diese werden im Bedarfsfall bestellt. Deshalb dauert es von der Antragstellung bis zum Einbau des Chips in der Regel ca. vier bis sechs Wochen.

Sobald ein bestellter Chip beim Funk Sevice eintrifft, wird umgehend der Besitzer des Eurosignal-Empfängers über den Einbau-Termin in Kenntnis gesetzt. Der Besitzer kann beim Einbau-Termin direkt auf seinen Empfänger warten und diesen sofort betriebsbereit mitnehmen.

1.5 Die fixen Kosten von Eurosignal

Die monatlichen Kosten für einen Funkrufanschluß A (internationale Funkrufnummer) mit einer Funkrufnummer für Einzelruf beträgt: 35,00 DM

Die monatlichen Kosten für einen Funkrufanschluß B (nationale Funkrufnummer) mit einer Funkrufnummer für Einzelruf beträgt: 25,00 DM

Die monatlichen Kosten für einen Funkrufanschluß B (nationale Funkrufnummer) mit einer Funkrufnummer für Gruppenruf beträgt: 20,00 DM

Die monatlichen Kosten für jede weitere Funkrufnummer (international oder national) beträgt: 7,00 DM

Die betriebsfähige Bereitstellung oder Änderung von Funkrufanschlüssen (A und B) beträgt einmalig: 65,00 DM

2 Cityruf

2.1 Vom Eurosignal zum Cityruf

In der Vergangenheit war bekanntermaßen der Eurosignal-Dienst der einzige Funkrufdienst in Deutschland. Viele Anwender waren froh, eine preiswerte Alternative zum Autotelefon gefunden zu haben. Dazu kam die Tatsache, daß die Deutsche Bundespost 1985 ein neues analoges Autotelefonnetz in Betrieb nahm. Nach dem A- und B-Netz nannte die Bundespost dieses Netz folgerichtig C-Netz. Zum damaligen Zeitpunkt stellte eine Besonderheit des C-Netzes die Tatsache dar, daß es für eine große Anzahl von Teilnehmern ausgelegt war. Das ließ schon erahnen, wohin der Trend bei den Endgerätpreisen ging.

Einhergehend mit dieser raschen technischen Entwicklung genügte es vielen Anwendern nicht mehr, Funkrufe nur in Form von einfachen Signalen zu übertragen. Hinzu kamen die in Punkt 1.2 beschriebenen Empfangsschwierigkeiten.

Diese Umstände paßten wohl in die Überlegungen der Bundespost, einen regionalen Funkrufdienst aufzubauen, der außer der klassischen Tonsignalisierung noch in der Lage sein sollte, Ziffern und Zeichen zu übertragen.

Die Bundespost taufte diesen neuen Funkrufdienst auf den Namen Cityruf. Der Startschuß dazu fiel 1988 in den Regionen Berlin und Frankfurt/Main.

2.2 Cityruf ist in Rufzonen aufgeteilt

Was 1988 mit zwei Regionen begann, hat sich heute auf 51 Regionen vergrößert. Die einzelnen Regionen nennt man Rufzonen. Jede Rufzone ist ein geographisch fest definiertes Gebiet. Damit der Kunde diese Gebiete (Rufzonen) auseinander halten kann, sind diese mit zweistelligen Ziffern versehen.

Hinter diesen zweistelligen Zahlen steckt ein einfaches System. Die Nummer der Rufzone ist identisch mit den ersten beiden Ziffern der dortigen Telefon-Vorwahl (nach der Null). (Mit wenigen Ausnahmen, z. B.: Dortmund ist in der Rufzone 20, die Vorwahl beginnt aber mit 23).

Abb. 8 (Quelle Telekom)

Ausbau der Cityruf-Rufzonen

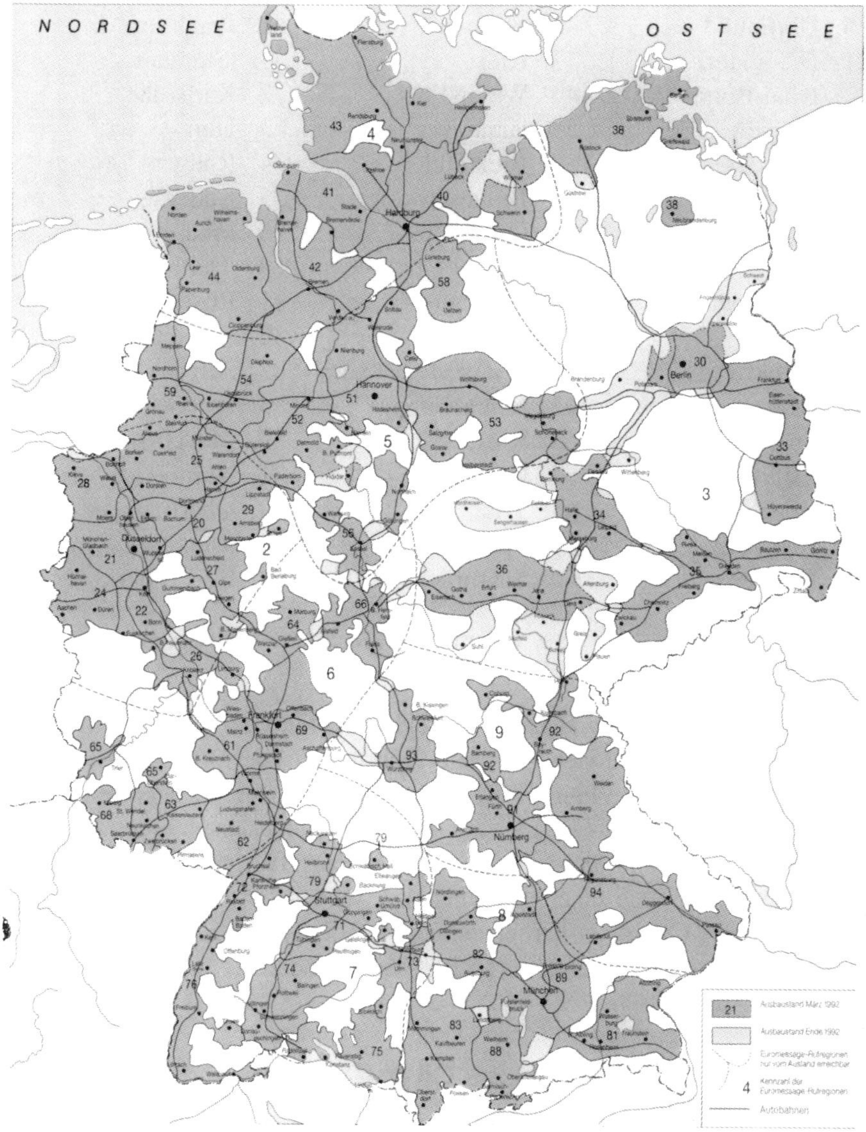

Abb. 9 (Quelle Telekom)

Rufzonen:

20	Dortmund	42	Bremen	69	Frankfurt/M.
21	Düsseldorf	43	Kiel	71	Stuttgart
22	Köln-Bonn	44	Weser-Ems	72	Karlsruhe
24	Aachen	51	Hannover	73	Ulm
25	Münster	52	Bielefeld	74	Rottweil
26	Koblenz	53	Braunschweig	75	Bodensee
27	Siegen	54	Osnabrück	76	Freiburg
28	Wesel	56	Kassel	79	Heilbronn
29	Meschede	58	Lüneburg	81	Rosenheim
30	Berlin	59	Rheine	82	Augsburg
33	Frankfurt/O.	61	Wiesbaden-Mainz	83	Allgäu
34	Leipzig	62	Mannheim	88	Weilheim
35	Dresden	63	Kaiserslautern	89	München
36	Erfurt	64	Gießen	91	Nürnberg
38	Rostock	65	Trier	92	Oberfranken
40	Hamburg	66	Fulda	93	Würzburg
41	Unterelbe	69	Saarbrücken	94	Regensburg

Es stellt sich noch die Frage, warum ausgerechnet 51 Rufzonen aufgebaut worden sind.

Von der Konzeption her ist Cityruf ein regionaler Funkrufdienst. Die dazugehörige Ausbaustrategie sieht vor, alle Ortschaften über 30.000 Einwohner abzudecken. Nach dem Fall der Berliner Mauer und der Wiedervereinigung wurde diese Ausbaustrategie auch auf die neuen Bundesländer übertragen. So ergaben sich aufgrund dieser Bedingungen zwangsläufig 51 Rufzonen. Ein weiterer Ausbau, also eine Änderung der Ausbaustrategie, hängt von der Akzeptanz des Cityruf in den einzelnen Rufzonen ab. Rufzonen, die stark ausgelastet sind, werden eher vergrößert als die anderen.

2.3 Die drei Rufklassen des Cityruf

Wie am Anfang dieses Kapitels erwähnt, besteht beim Cityruf-Dienst im Gegensatz zum Eurosignal-Dienst die Möglichkeit, Ziffern, Buchstaben und andere Zeichen zu übertragen. Diese verschiedenen Übertragungsmöglichkeiten nennt man Rufklassen. Im Cityruf-Dienst wird zwischen drei verschiedenen Rufklassen unterschieden (Rufklassen 0, 1 und 2).

2.3.1 Die Rufklasse 0

Bei der Rufklasse 0 handelt es sich um eine Übertragung eines Signals (Ton), der bei dem angesprochenen Empfänger einen »Piepston« hervorruft. Deshalb bezeichnet man diese Rufklasse auch als eine Nur-Ton-Signalisierung.

Wie wir wissen, ist das Cityruf-Netz in 51 Rufzonen aufgeteilt. Im Gegensatz zum Eurosignal-Dienst wäre es bei Cityruf zu aufwendig und für den Anwender viel zu umständlich, wenn jede Rufzone eine eigene Vorwahl besäße. Der Einfachheit halber wird die Rufklasse 0 in allen Rufzonen mit der gleichen Vorwahl (0164) angewählt. Die Aussendung eines Funkrufes erfolgt analog zum Eurosignal-Funkruf mittels eines normalen Telefons. Nach der Vorwahl ist noch die siebenstellige Funkrufnummer zu wählen. Es soll zum besseren Verständis vorangestellt werden, daß alle Funkrufnummern bei Cityruf siebenstellig sind.

Als Rückmeldung erklingt nach der Anwahl des Cityrufes eine elektronische Stimme wie folgt:

»Cityruf – Nurton – Ihr Funkruf mit der Nummer (Wiederholung der siebenstelligen Funkrufnummer) wurde angenommen. Auf Wiedersehen.« Diese Meldung sagt zweierlei aus. Ihr Funkruf wurde angenommen bedeutet, daß zu diesem Zeitpunkt der Funkruf ausgesendet wird. Die Wiederholung der Funkrufnummer bietet dem Anwender die Kontrollmöglichkeit, ob der richtige Empfänger angewählt wird. Die Anwahl eines Funkrufanschlusses kann selbstverständlich auch von einem ISDN-Telefon durchgeführt werden.

Nach dem erfolgreichen Aussenden eines Funkrufes, kommt der Empfang des Signals. Die Cityruf-Empfänger sind kleine, handliche Funkrufgeräte und in der Regel viel leichter und kleiner als Eurosignal-Empfänger. Außerdem muß keine rufzonenabhängige Kanalumschaltung (Frequenzumschaltung) vorgenommen werden. Analog zum Eurosignal können Cityruf-Empfänger der Rufklasse 0 ebenfalls mit maximal vier Funkrufnummern beschaltet werden. Bei Cityruf existieren zwei Möglichkeiten, die maximal vier Funkrufnummern zu unterscheiden. Bei der ersten Möglichkeit, die auch gleichzeitig den Normalfall darstellt, verfügt der Cityruf-Empfänger über ein Display. Beim Empfang eines Funkrufes erscheint auf dem Display eine Zahl zwischen eins und vier. Diese Zahl ist identisch mit der Funkrufnummer (z. B.: Anwahl der dritten Funkrufnummer = 3 auf dem Display). Jede Zahl veranlaßt den Träger des Empfängers zu einer vorher fest vereinbarten Handlung.

Abb. 10: Beispiel eines Cityruf-Nurton-Empfängers mit Display (Quelle Telekom)

Die andere Möglichkeit besteht in einer unterschiedlichen Tonfolge bei der Alarmierung. In der Regel sind vier verschiedene »Piepsgeschwindigkeiten« zu unterscheiden.

Abb. 11: Beispiel eines Cityruf-Nurton-Empfängers ohne Display; hier bestimmt der Nutzer die Unterscheidung anhand der unterschiedlichen Piepsgeschwindigkeiten (Quelle Panasonic)

Vom Eurosignal-Dienst wissen wir, daß der Empfang von Nachrichten stark abhängig ist vom Standort des Empfängers. Das trifft bei Cityruf nur bedingt zu. Der Empfang von Funkrufen im Freien ist genauso unproblematisch wie in Fahrzeugen, wo noch nicht einmal eine Antenne benötigt wird. In Gebäuden kann der Empfang durch Stahlbetonmauern beeinträchtigt werden. Eine weitere Beeinträchtigung können Plätze darstellen, an denen viel mit Metall gearbeitet wird (z. B.: Schrottplätze).

2.3.2 Die Rufklasse 1

Mit Rufklasse 1 bezeichnet man die Übermittlung von Ziffern auf einen geeigneten Cityruf-Numerik-Empfänger.

Abb. 12 (Quelle Alcatel)

Bei dieser Rufklasse können bis zu 15 Ziffern oder Sonderzeichen übertragen werden. Wie bei der Rufklasse 0 existiert für die Rufklasse 1 auch eine für alle Rufzonen einheitliche Vorwahl (0168). Betrachten wir zunächst die Aussendung der numerischen Funkrufe. Dazu benötigt man eine geeignete Eingabemöglichkeit. Die einfachste Möglichkeit stellt hier ein Telefon dar, welches von dem normalen Impulswahlverfahren (IWV) auf Mehrfrequenzwahlverfahren (MFV) temporär umgestellt werden kann. Zum besseren Verständnis muß gesagt werden, daß die normale Anwahl des Funkruf-Empfängers im Impulswahlverfahren durchgeführt wird. Die anschließende Übermittlung der numerischen Nachricht findet im Mehrfrequenzwahlverfahren statt. Bei den meisten zugelassenen Telefonen kann das Wahlverfahren umgeschaltet werden.

Falls man nicht über ein solches Telefon verfügt, kann ein normales Telefon in Verbindung mit einem Mehrfrequenz-Handsender benutzt werden.

Abb. 13: Mehrfrequenz-Handsender (Beispiel eines Handsenders. Der abgebildete Handsender gehört zwar ursprünglich zu der Fernabfrage eines Anrufbeantworters, er kann aber auch für Cityruf verwendet werden. Das soll verdeutlichen, daß man prinzipiell jeden Handsender dafür verwenden kann.)

Hierbei wird nach der Anwahl des Funkruf-Empfängers die Übermittlung der numerischen Nachricht mit dem Handsender, der auf das Mikrofon des Telefonhörers gelegt wird, durchgeführt.

Des weiteren kann die Eingabe von einem normalen Telefon ohne Zusatzgerät durchgeführt werden, wenn dieses Telefon an einer digitalen Ortsvermittlungsstelle angeschlossen ist. Auskunft darüber kann das zuständige Fernmeldeamt geben. Das Telefon muß aber unbedingt über die Stern- und Raute-Taste verfügen, da sonst die eingegebene Nachricht nicht abgesendet werden kann.

Die vierte Möglichkeit zur Eingabe stellt das ISDN-Telefon dar. Dieses Telefon muß an einen sogenannten Universalanschluß angebunden sein. Im Normalfall handelt es sich bei diesem ISDN-Anschluß um einen Basisanschluß. Ein Basisanschluß besteht aus zwei Nutzkanälen und einem Organisationskanal. Die beiden Nutzkanäle sind als zwei Hauptanschlüsse zu betrachten. Bei einer Anwahl des Cityruf-Empfängers muß ein ISDN-Telefon nicht auf ein anderes Wahlverfahren umgestellt werden.

Sehen wir uns nun, nachdem die Frage nach dem geeigneten Eingabegerät geklärt ist, den kompletten Vorgang des Aussendens an. Zunächst wählen wir den Cityruf-Empfänger über die Vorwahl (0168) und die siebenstelligen Funkrufnummer an. Nach der Anwahl ertönt, wie auch bei der Rufklasse 0, ein Ansagetext mit folgendem Wortlaut:

»Cityruf – Sie haben die Funkrufnummer (Wiederholung der siebenstelligen Funkrufnummer) gewählt.« Danach tritt eine ca. fünfsekundige Pause ein. »Bitte starten Sie die Übertragung Ihres Textes oder geben Sie bis zu 15 Ziffern ein. Schließen Sie Ihre Nachricht mit Raute ab. Sie können Ihre Eingabe mit zweimal Stern löschen.« Jetzt wird die numerische Nachricht eingegeben (z. B.: eine Telefonnummer). Nach Betätigen der Raute-Taste wird die eingegebene Nachricht wiederholt. Danach fordert Sie die Stimme auf: »Gehen Sie auf Sendung mit Raute.« Nachdem man die Raute-Taste nochmals betätigt, ertönt die Ansage: »Ihr Funkruf wurde angenommen. Auf Wiedersehen.«

Betrachten wir uns die einzelnen Schritte etwas genauer. Nach der Anwahl wird als Kontrolle für den Anwender die Funkrufnummer wiederholt. Die 5 Sekunden Pause dienen für das Umschalten des Wahlverfahrens. Die darauf folgende Ansage ist prinzipiell als Anleitung für den Anwender zu betrachten (freundliche Benutzerführung). Die Wiederholung der eingegebenen Zahlenfolge stellt wiederum eine Kontrolle dar. Es kann überprüft werden, ob die richtige Zahlenkombination eingegeben worden ist. »Ihr Funkruf wurde angenommen« bedeutet, daß die Aussendung der Nachricht beginnt. Interessant sind noch die Sonderzeichen, die übertragen werden können. Diese werden mit der Stern-Taste und den Ziffern 1 bis 5 erzeugt. Nachfolgend die Auflistung der möglichen Sonderzeichen:

* 1	=	U	(z. B. für Uhr)
* 2	=		Leerzeichen
* 3	=	–	minus
* 4	=	(	linke Klammer
* 5	=	)	rechte Klammer
* 6	=	DM	
* 7	=	%	
* 8	=	.	Punkt
* 9	=	+	plus
* 0	=	/	Schrägstrich

Die Sonderzeichen * 6 bis * 0 können nur auf Alphanumerik-Empfängern dargestellt werden.

Bevor wir uns die nächste Rufklasse anschauen, soll noch erwähnt werden, daß im Gegensatz zur Rufklasse 0 die Empfänger der Rufklasse 1 nur mit maximal drei Funkrufnummern beschaltet sind. Dabei kann nur über die erste Funkrufnummer eine numerische Nachricht abgesandt werden. Die zweite und dritte Funkrufnummer sind ausschließlich für eine Nurton-Signalisierung vorgesehen. Diese beiden Nummern werden genauso wie die Funkrufnummern der Rufklasse 0 angewählt (auch über die gleiche Vorwahl 0164). Bei Verwendung dieser Nummern muß beim Empfänger dieser Nachricht eine vorher fest vereinbarte Handlung erfolgen.

2.3.3 Die Rufklasse 2

Die Rufklasse 2 erlaubt die Übertragung von maximal 80 Ziffern, Zeichen und Buchstaben. Als Gegenstelle benötigt man einen geeigneten Cityruf-Empfänger, einen sogenannten Alphanumerik-Empfänger.

Abb. 14: Beispiel eines Cityruf-Alphanumerik-Empfänger (Quelle Amaris)

Bei der Rufklasse 2 existieren mehrere bundeseinheitliche Vorwahlen. Es werden mehrere Vorwahlen benötigt, da diese abhängig von den Eingabemedien sind.

Abb. 15: Multikom L, Btx-Endgerät der Telekom (Quelle Telekom)

Als nächstes sehen wir uns die Aussendung der alphanumerischen Nachrichten an. Dabei werden wir verschiedene Eingabemöglichkeiten und die dazugehörigen Vorwahlen kennenlernen.

Beginnen wir mit dem einfachsten Eingabemedium, dem Bildschirmtextdienst (kurz Btx genannt).

Im Btx-Dienst gibt es eine bestimmte Seite, die für das Aussenden von Nachrichten vorgesehen ist (*1691#). Als erstes verlangt das System die siebenstellige Funkrufnummer. Nachdem diese eingegeben worden ist, erscheint auf dem Bildschirm die Aufforderung, die Raute-Taste zu betätigen. Die Verbindung mit dem Cityruf-Netz wird hergestellt. Das erkennt man an der nächsten Seite, die erscheint. Handelt es sich um eine Funkrufnummer eines Numerik-Empfängers, verlangt das System bis zu 15 Ziffern. Wird die Funkrufnummer eines Alphanumerik-Empfängers eingegeben, verlangt das System automatisch bis zu 80 Zeichen. Nach der nochmaligen Betätigung der Raute-Taste erscheinen unten auf dem Bildschirm Datum, Uhrzeit und die Bestätigung, daß der Funkruf angenommen wurde.

Wie schon in den anderen Rufklassen zuvor, erfolgt die eigentliche Absendung unmittelbar nach Erscheinen dieses Textes. Aber wie kann man »btxen«?

Dazu gehört zunächst einmal ein Endgerät, das an das öffentliche Telefonnetz angeschlossen sein muß. Zwischen dem Endgerät und dem Telefonanschluß ist ein Modem geschaltet. Das »bereitet« die abgehenden Daten für das Telefonnetz »vor« und die ankommenden Daten »auf« (laienhaft ausgedrückt). Es gibt mittlerweile eine ganze Palette von Endgeräten. Eines der ersten Btx-Endgeräte war das multifunktionale Telefon, kurz Multitel genannt. Bei Anschluß an eine Telefonleitung kann man damit entweder telefonieren oder »btxen«. Im Zweileitungsbetrieb (Anschluß an zwei Telefonleitungen) ist beides gleichzeitig möglich.

Inzwischen ist die Auswahl an Endgeräten, die ausschließlich für den Btx-Betrieb bestimmt sind, recht groß worden.

Das Btx-Endgerät mit der größten Zukunft stellt der Computer (PC) dar. Heute gibt es bereits Btx-Software für MS-DOS Rechner unter 300,– DM. (MS-DOS ist zur Zeit das gängigste PC-Betriebssystem). Der PC muß ebenfalls über ein Modem oder einen Akustikkoppler an das öffentliche Telefonnetz angebunden sein.

Abb. 15a: Multitel 12, Beispiel eines Btx-Endgerätes, das für einen Zweileitungsbetrieb geeignet ist (Quelle Telekom)

Abb. 16: PC-Arbeitsplatz; von hier besteht eine Verbindung zum öffentlichen Telefonnetz über ein Modem (Quelle Telekom)

Betrachten wir eine »exotische« Möglichkeit, alphanumerische Nachrichten zu versenden – den Teletex-Dienst. Dazu benötigt man, der Name sagt es bereits, ein Teletex-Gerät. Da sich die Benutzerführung bei den einzelnen Endgeräten sehr unterscheidet, wollen wir uns auf das Wesentliche beschränken. Das wäre zunächst der Zugang vom Teletex-Dienst zum Cityruf-Dienst. Dieser wird wie folgt realisiert:

2627 – 1692 = cityruf

Die nächsten Schritte bis zur Aussendung der Nachricht sind von Gerät zu Gerät verschieden. Allerdings muß bei allen Geräten in der ersten Zeile der Teletex-Nachricht die Funkrufnummer des Cityruf-Empfängers stehen.

Das Aussenden einer alphanumerischen Nachricht ist auch über den Telex-Dienst möglich. Im Gegensatz zu den anderen Eingabegeräten können über Telex lediglich 32 verschiedene Zeichen übertragen werden.

Obwohl die Benutzerführung der Endgeräte im Telex-Dienst ebenfalls sehr unterschiedlich ist, wollen wir uns das Absenden einer Nachricht etwas genauer anschauen.

Mit der Telex-Nummer 1691+ wird der Zugang zum Cityruf-Netz realisiert. Der Anwender erhält hierauf die Telex-Kennung 1691 cityruf d. Wenn wie gewohnt die Kennung des Anschlusses (Hier-ist-Taste) gesendet wird, kommt die Aufforderung, mit dem Kurzzeichen »nr« die Funkrufnummer einzugeben. Die Eingabe der Rufnummer wird mit zwei Schlußkreuzen (++) beendet. Wenn es sich um eine numerische oder alphanumerische Rufnummer handelt, kommt die Aufforderung »ga«. Die Nachricht wird wieder mit zwei Schlußkreuzen (++) beendet. Als Annahmebestätigung erscheint das Kurzzeichen »r++«.

Abb. 16 a: Modernes Telex-Endgerät (Quelle Telekom)

Damit haben wir immer noch nicht alle Eingabemöglichkeiten kennengelernt. Bei der nächsten Möglichkeit wird wieder ein PC, ein Modem oder Akustikkoppler und ein Telefonanschluß benötigt.

Abb. 17: Verbindung eines PC zum öffentlichen Telefonnetz mittels eines Akustikkopplers (Quelle R.v. Decker's Verlag)

Der Unterschied zur PC-Btx-Version liegt darin, daß keine zusätzlichen Kosten für den Btx-Dienst anfallen. Statt einer Btx-Software benötigt man eine Datenübertragungs-Software. Der Zugang zum Cityruf-Netz über das Modem oder einem Akustikkoppler erfolgt mit der 01691. Nach dem Zugang zum Cityruf-Dienst wird der Anwender aufgefordert, Betriebsbereitschaft herzustellen und die Wagenrücklauf-Taste (auch Return-Taste genannt) zu betätigen. Danach ist ein Pfeifton zu vernehmen. Dabei handelt es sich um einen Datenton (den sogenannten Träger). Dieser Datenton stellt, laienhaft ausgedrückt, über das Modem die Verbindung zum Cityruf-Dienst her. Sobald diese Verbindung zustande kommt, wird der Anwender aufgefordert, zunächst die Funkrufnummer und abschließend die Nachricht einzugeben.

Nähern wir uns den letzten Möglichkeiten, alphanumerische Nachrichten zu übertragen. Bei der Rufklasse 1 haben wir bereits die Absendeprozedur für numerische Nachrichten ausführlich beschrieben. Auch eine alphanumerische Nachricht läßt sich über die Vorwahl 0168 übertragen. Nach dem Zugang zum

Cityruf-Dienst wiederholt eine elektronische Stimme die siebenstellige Funkrufnummer. Auf die 5-Sekunden-Pause kommt folgende Ansage:

»Bitte starten Sie die Übertragung Ihres Textes oder...«

Schauen wir uns an, wie wir die Übertragung des Textes starten können. Dafür stehen zwei verschiedene Möglichkeiten zur Verfügung. Im ersten Fall funktioniert es nicht mit dem Telefon alleine. Man benötigt ein Zusatzgerät ähnlich dem Handsender bei der Rufklasse 1. Dieses Zusatzgerät heißt TipSend und

Abb. 18: Handsender der TipSend der Telekom. Er erlaubt die Übertragung von alphanumerischen Zeichen über das ganz normale Telefon (Quelle Telekom)

ist ebenfalls ein Handsender, mit dem man neben Ziffern noch Buchstaben und Sonderzeichen übertragen kann.

Vor der Anwahl des Cityrufes wird der abzusendende Text in dem TipSend gespeichert. Um nach der oben beschriebenen Aufforderung mit der Übertragung des Textes zu beginnen, legt man den Handsender auf das Mikrofon des Telefonhörers und drückt die Send-Taste. Die Übermittlung dauert in der Regel 12 bis 15 Sekunden, wobei »lustige Töne« aufgrund des Wahlverfahrens zu hören sind.

Im zweiten Fall benötigt man für die Übermittlung der Nachricht kein Zusatzgerät, sondern lediglich ein Telefon. Bei diesem Telefon handelt es sich aber um ein spezielles Text-Telefon. Mit so einem Text-Telefon kann man einem anderen Text-Telefon-Benutzer eine Nachricht in das Display des Telefons schreiben. Für die Aussendung einer alphanumerischen Nachricht geht man ähnlich wie beim TipSend vor. Zuerst wird der abzusendende Text gespeichert. Nach der Anwahlprozedur und der Aufforderung, mit der Übertragung des Textes zu beginnen, wird auch hier die Send-Taste betätigt.

Abb. 18a: Texttelefon Delegatic der Telekom. Auch hierüber läßt sich ein alphanumerischer Text versenden (Quelle Telekom)

Es ist nicht ausgeschlossen, daß einige Anwender den bisher aufgezeigten Möglichkeiten, eine alphanumerische Nachricht zu übertragen, skeptisch gegenüber stehen. Nicht nur für diesen Anwenderkreis stellen wir nun die letzte Alternative vor: das Telefon ohne Zusatzgeräte. Das Telefon braucht noch nicht einmal über ein umschaltbares Wahlverfahren zu verfügen.

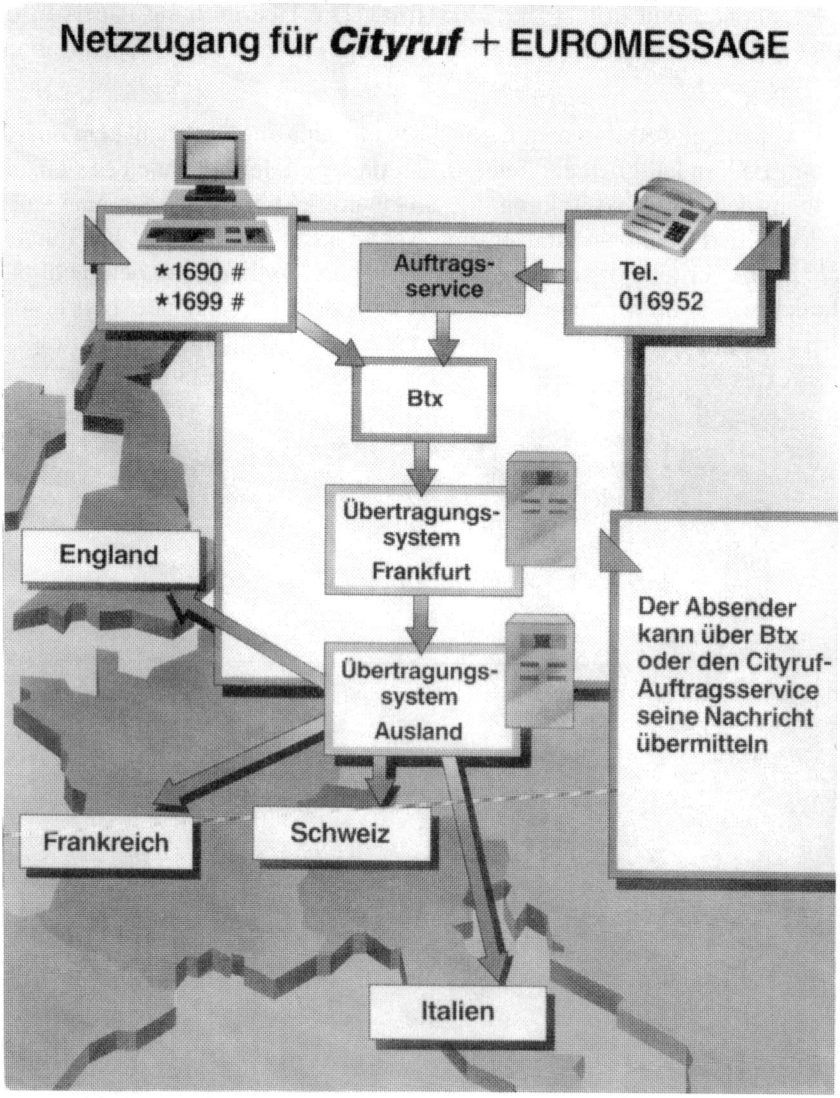

Abb. 19 (Quelle Telekom)

Über die bundeseinheitliche Rufnummer 016951 gelangt der Anwender zum Auftragsdienst der TELEKOM. Dort sitzt ein sogenannter Operator. Diesem braucht man nur die Funkrufnummer und den Text der Nachricht vorzusagen. Umgehend wird der Funkruf von diesem Auftragsdienst abgesendet.

Bei einer solchen großen Auswahl von Eingabemedien sollte für jeden einzelnen Anwender das Richtige dabei sein.

Die ausgesandten Nachrichten gelangen nach maximal drei Minuten an den Empfänger. Diese maximale Zeitspanne (in der Regel höchstens 1 Minute) trifft auf alle drei Rufklassen zu.

Abschließend betrachten wir uns auch hier noch die Funkrufnummern. Adäquat zu der Rufklasse 1 wird ein alphanumerischer Empfänger mit maximal drei Funkrufnummern beschaltet. Die erste Rufnummer dient zum Empfang von numerischen und alphanumerischen Nachrichten. Die Funkrufnummern zwei und drei sind reine Nurton-Nummern, die genauso wie die Rufnummern der Rufklasse 0 angesprochen werden.

Die nachstehenden Übersichten sollen noch einmal alle möglichen Eingabegeräte aufzeigen. Natürlich auch die erforderlichen Zugangskennziffern und welche Rufklasse mit welchem Endgerät gerufen werden kann:

Zugänge über Telefon- und Universalanschlüsse

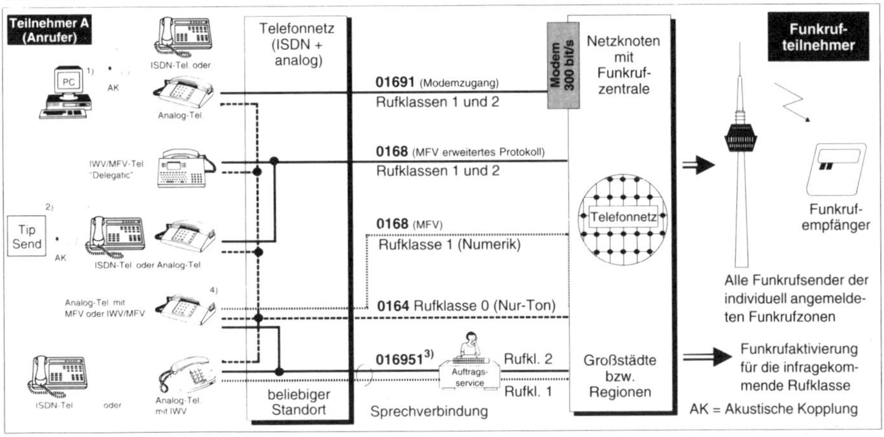

Abb. 20 (Quelle : Telekom)

Zugänge über Telex und Teletex

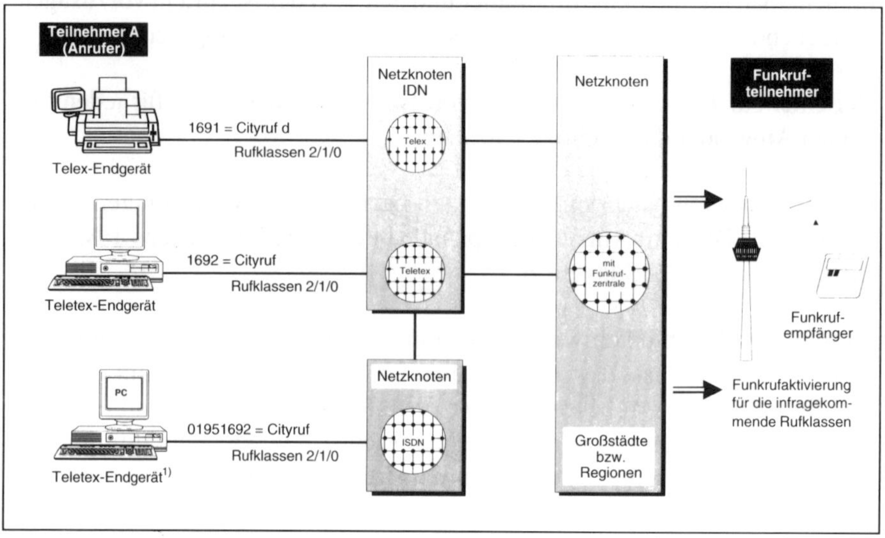

Abb. 21 (Quelle : Telekom)

Zugänge über Btx und Telebox-400

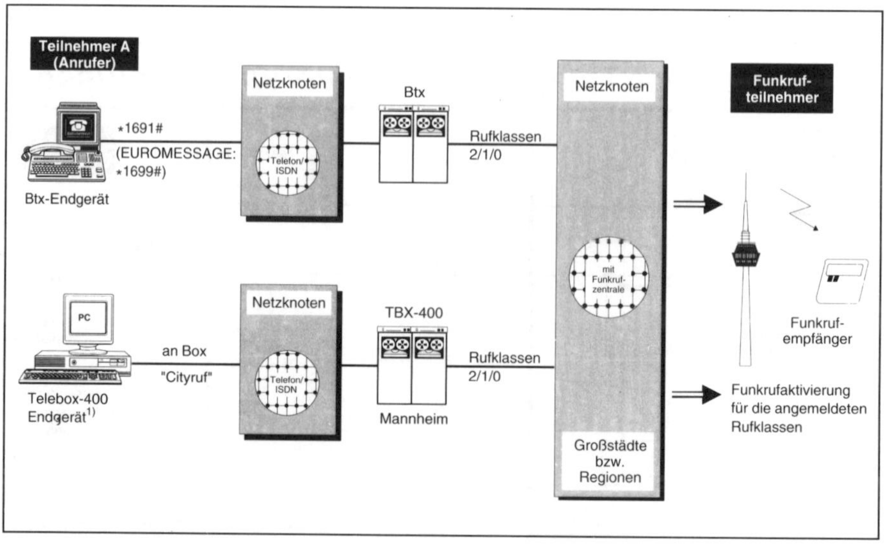

Abb. 22 (Quelle : Telekom)

2.4 Was kostet eigentlich die Aussendung eines Funkrufes?

Die Kosten für die Aussendung eines Funkrufes sind abhängig von dem verwendeten Eingabemedium. Wenn man sich für die Nutzung von numerischen oder alphanumerischen Cityruf-Empfängern entschlossen hat, soll die folgende Übersicht als eine kleine Entscheidungshilfe bezüglich des Eingabemediums dienen.

Zugang zur Funkrufzentrale:				
Zugangs-kennzahl	**Tarifeinheit in Pf.**	**Zugang von/über**	**Zeiteinheiten Wählverbindungen**	
			Normaltarif	**Billigtarif**
0164	23	Telefon- und Universal-anschlüssen	50 Sek.	75 Sek.
0168	23		50 Sek.	75 Sek.
01691	23		50 Sek.	75 Sek.
016951	23		8 Sek.	20 Sek.
*1691#	23		360 Sek.	720 Sek.
1691	10	Telex	15 Sek.	45 Sek.
1692	0,97	Teletex	1 Sek.	1 Sek.

2.5 Für jeden Fall die richtige Rufart

Bei dem Eurosignal-Dienst haben wir bereits zwei Rufarten kennengelernt. Es handelte sich dabei um den Einzel- und den Gruppenruf. Der Cityruf-Dienst bietet darüber hinaus noch eine ganze Reihe weiterer Rufarten, die sich entweder auf den Aktionsradius oder auf andere Betriebsmöglichkeiten beziehen. In den nächsten Abschnitten sollen die Rufarten dem Anwender transparent gemacht werden und es soll aufgezeigt werden, welche Kombinationen von Rufarten möglich und vor allem sinnvoll sind.

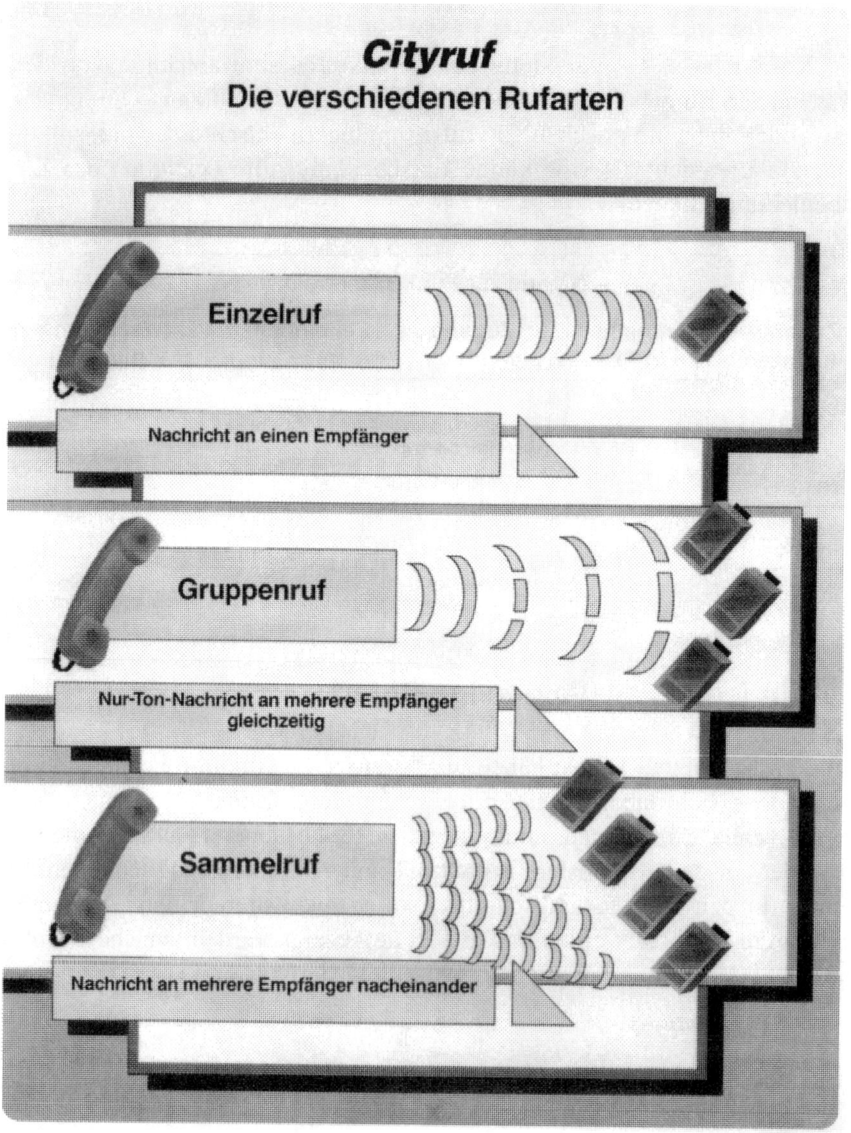

Abb. 23 (Quelle Telekom)

2.5.1 Einzelruf

Wie schon in einem früheren Kapitel beschrieben, ist das Cityruf-Netz in 51 verschiedene Rufzonen aufgeteilt. Ein Cityruf-Empfänger ist in der Regel für eine einzige Rufzone zugelassen. Das bedeutet, der Aktionsradius des Empfängers ist auf eine Rufzone beschränkt. Dieses Leistungsmerkmal des Cityrufes bezeichnet man als Einzelruf, dessen Hauptmerkmal sich wie folgt darstellt: Mit einem Funkruf wird ein Funkruf-Empfänger erreicht. Der Einzelruf ist sowohl unabhängig von der Anzahl der Funkrufnummern pro Gerät als auch von der Rufklasse. Analog zum Eurosignal-Dienst stellt auch beim Cityruf-Dienst der Einzelruf die am häufigsten verwendete Rufart dar. Der Einzelruf wird in der Regel dann angewendet, wenn der Anwender eines Funkruf-Empfängers sich innerhalb einer Rufzone bewegt.

2.5.2 Zielruf

Viele Anwender sehen ihren Wirkungsbereich nicht mit einer Rufzone abgedeckt. Im Gegenteil, viele benötigen aufgrund ihres großen Aktionsradius zehn, zwanzig oder noch mehr Rufzonen. Damit der Anwender ohne großen Aufwand prinzipiell alle Rufzonen nutzen kann, hat der Netzbetreiber TELEKOM die Rufart Zielruf ins Leben gerufen. Wie der Name schon sagt, muß der Funkruf-Absender die Rufzone wissen, in der sich sein Empfänger (Ziel) gerade aufhält. Jetzt wird der Vorteil ersichtlich, daß jede Rufzone ihre eigene Nummer besitzt. Denn bei der Anwahl eines Cityruf-Empfängers über Zielruf wird hinter der Vorwahl und der siebenstelligen Funkrufnummer noch die Nummer der Rufzone »drangehängt«. Der Funkruf wird nur in der angewählten Rufzone ausgestrahlt.

Der Zielruf wird von vielen genutzt, die in einem regionalen Raum tätig sind, der über das Gebiet einer Rufzone weit hinausgeht. Zu den Anwendern zählen hier regional und überregional tätige Speditionen und Kundendienstler.

2.5.3 Zielruf zusätzlich zum Einzelruf

Wie der Name bereits andeutet, handelt es sich hier um eine Kombination der Rufarten Einzelruf und Zielruf. Diese beiden Leistungsmerkmale werden von der TELEKOM als eine Rufart angeboten. Diese Rufart erfreut sich einer erstaunlich hohen Akzeptanz, und das zu Recht. Es gibt eine Reihe von Cityruf-Anwendern, denen normalerweise eine Rufzone genügt. Aber wie wird man auf einer Tagung, Geschäftsreise, etc. erreicht? Da bietet sich der Zielruf geradezu an. Aber schauen wir uns den Zielruf zusätzlich zum Einzelruf etwas genauer an. Wir sind bereits darüber informiert, daß ein Funkruf-Empfänger mit einer bis vier Funkrufnummer, je nach Rufklasse, beschaltet ist. Gerade hier liegt der Unterschied zwischen den Rufarten Einzelruf und Zielruf und der Rufart Zielruf zusätzlich zum Einzelruf. Bei letztgenannter Rufart wird ein Empfänger in Abhängigkeit der Rufklasse mit zwei bis acht Funkrufnummern beschaltet, jeweils eine bis vier Rufnummern für Einzelruf und Zielruf. Das bedeutet aber nicht, daß beispielsweise ein Empfänger der Rufklasse 0 acht Signale unterscheiden kann. Ein Empfänger kann keine Unterscheidung zwischen Einzel- und Zielrufnummern vornehmen. Zum besseren Verständnis soll erläutert werden, warum das auch nicht erforderlich ist. Der Zielruf funktioniert in allen Rufzonen, außer der für den Einzelruf. Das bedeutet, daß der Adressat eines Funkrufes in Abhängigkeit seines Standortes weiß, ob er auf Ziel-oder Einzelruf angesprochen wird. Für den Anwender ist noch wichtig, daß man entsprechend der Anzahl der Funkrufnummern maximal acht Bedeutungen zuordnen kann. Die Bedeutungen für die Einzelrufnummern müssen nicht mit den Zielrufnummern identisch sein.

2.5.4 Weitere Rufzone

Diese Rufart ist durch ein gewisses Sicherheitbedürfnis vieler Anwender zu erklären. Es besteht nämlich die Möglichkeit, einen Funkruf-Empfänger in mehrere Rufzonen fest einzubuchen. Ein Funkruf wird somit nicht in einer Rufzone abgestrahlt, sondern gleichzeitig in allen »Weiteren Rufzonen«, in die der Empfänger eingebucht ist. Wie bereits erwähnt, ist diese Rufart all denjenigen Unternehmen wichtig, die den Aufenthaltsort ihres Mitarbeiters nicht genau kennen. Er kann sich beispielsweise im Grenzbereich zweier oder dreier Rufzonen befinden. Mit der Rufart »Weitere Rufzone« ist die Sicherheit gegeben, den Mitarbeiter zu erreichen, unabhängig davon, in welcher Rufzone er sich gerade aufhält. Allerdings muß erwähnt werden, daß sich diese Rufart nur dann rentiert, wenn man nicht mehr als zwei Rufzonen zusätzlich benötigt. Bei mehr als drei Rufzonen wird dann die nächste Rufart, die wir uns anschauen wollen, die Superzone, interessant.

2.5.5 Die Superzone

Wir haben jetzt schon mehrfach gehört, daß alle Rufzonen eine zweistellige Nummer haben. Die Superzone ist nichts anderes als der Zusammenschluß aller Rufzonen, deren erste Ziffer gleich ist. Folgerichtig existieren acht verschiedene Superzonen. Die Superzone selbst ist, technisch gesehen, dasselbe wie die Rufart Weitere Rufzone, allerdings mit zehn verschiedenen Rufzonen. Die Superzone ist, wie zuvor die weitere Rufzone, unabhängig von der Rufklasse.

Mit dieser Rufart besteht für viele Unternehmen die Möglichkeit, den Wirkungsbereich ihrer Mitarbeiter im Außendienst auszubauen.

2.5.6 Gruppenruf

Der Gruppenruf beim Cityruf-Dienst ist nichts anderes als der beim Eurosignal-Dienst. Er bedeutet auch hier: Mit einem Funkruf werden beliebig viele Funkruf-Empfänger gleichzeitig erreicht.

Allerdings handelt es sich bei den Empfängern für Gruppenruf um spezielle Empfänger.

Was ist so besonders an diesen Empfängern? Jeder Cityruf-Empfänger ist mit einer sogenannten Identifikationsnummer (ID-Nummer) ausgerüstet, die folgendermaßen aufgebaut ist:

1 2 3 – 4 5 6 7 8 9 0 – 1 2 – 3

Die erste Ziffer sagt aus, ob der Empfänger für Gruppen- oder Einzelruf geeignet ist (1=Einzelruf, 2=Gruppenruf). Die zweite Ziffer gibt die Rufklasse (0, 1 oder 2) an. Der Cityruf bedient sich derzeit dreier verschiedener Frequenzen. Über eine Frequenz wird der Cityruf abgewickelt, über die beiden anderen Frequenzen Cityruf plus die Zusatzdienste Euromessage und INFORUF. Jedem der beiden Zusatzdienste ist ein eigenes Kapitel gewidmet. Die dritte Ziffer gibt die Frequenz und somit den gegebenfalls noch genutzten Zusatzdienst an.

Die nächsten sieben Ziffern beinhalten unter anderem einen Adreßcode. Auf diesen Adreßcode sind die Funkrufnummern geschaltet. Das bedeutet, daß alle Cityruf-Empfänger, die für Einzelruf genutzt werden, zwangsläufig eine eigene ID-Nummer besitzen müssen. Wenn man nun mit einem Funkruf mehrere Empfänger gleichzeitig ansprechen will, müssen diese Empfänger auch folgerichtig alle mit derselben Funkrufnummer beschaltet sein, also über gleiche ID-Nummern verfügen.

Das ist das Besondere an Gruppenruf-Empfängern. Sie besitzen neben der ersten ID-Nummer noch eine zweite ID-Nummer. Diese zweite ID-Nummer muß bei allen Gruppenruf-Empfängern gleich sein. Der Vollständigkeit halber soll noch erwähnt werden, daß die Ziffern elf und zwölf den Hersteller eines Funkruf-Empfängers angeben. Die dreizehnte Ziffer stellt dann lediglich noch eine Kontrollziffer des Herstellers dar.

Gruppenruf

❑ ***Beispiel für einen Funkrufanschluß (Y: 7 NT-Empfänger) mit zwei Gruppenfunkrufnummern (Y_1 und Y_2).***

- Für den Gruppenruf (nur gesamte Gruppe) können zusätzliche Rufzonen (z.B. außer 34 noch Rufzone 36, 66 und 92) eingerichtet werden.
- Für 2 NT-Empfänger sind noch je ein Einzelfunkrufanschluß mit 2 bzw. 3 Einzelfunkrufnummern geschaltet
- Für zusätzliche Einzelfunkrufanschlüsse sind andere zusätzliche Rufzonen (z.B. 36 und 66) einrichtbar (s. Preisbeispiel).

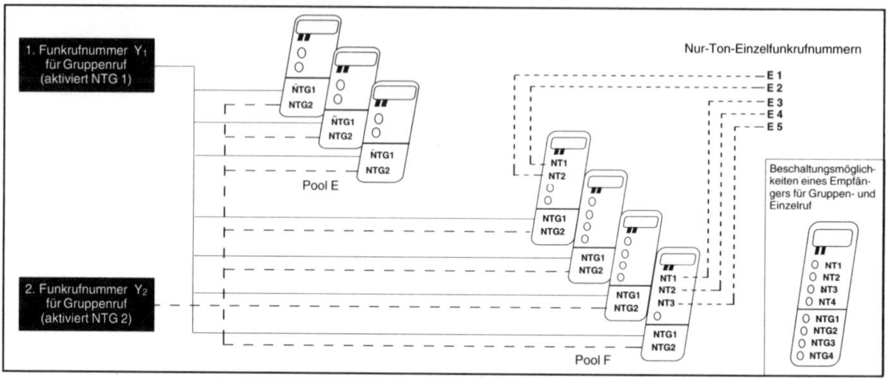

Abb. 24 (Quelle Telekom)

Die Rufart Gruppenruf bietet die TELEKOM jedoch nur für die Rufklasse 0 an. Bei der Rufklasse 2 wäre sie auch noch sinnvoll, bei der Rufklasse 1 dagegen wäre sie vollkommen deplaziert. Wenn man lediglich eine Telefonnummer als Gruppenruf absetzt, wäre wahrscheinlich ein permant besetztes Telefon die Folge (für die Rückrufer). Der Gruppenruf wird aber auch bei der Rufklasse 2 nicht angeboten. Gründe dafür sind technisch-wirtschaftliche Überlegungen. Zum einen belastet der Gruppenruf der Rufklasse 2 an viele Empfänger das Netz zu stark und zum anderen hat die TELEKOM für spezielle Anwendungen, die normalerweise einen Gruppenruf benötigen, den Zusatzdienst INFORUF geschaffen.

2.5.7 Sammelruf

Bei dieser Rufart besteht ebenfalls die Möglichkeit, mit einem Funkruf mehrere Cityruf-Empfänger zu erreichen. Aber mit folgenden Unterschieden zum Gruppenruf: Die Funkruf-Empfänger werden nicht gleichzeitig, sondern nacheinander angesprochen. Im Gegensatz zum Gruppenruf sind maximal 20 Empfänger erreichbar.

Sammelruf

❑ ***Beispiel für überlappende Aufteilung einer "Cityruf-Flotte" auf vier Sammelrufnummern***

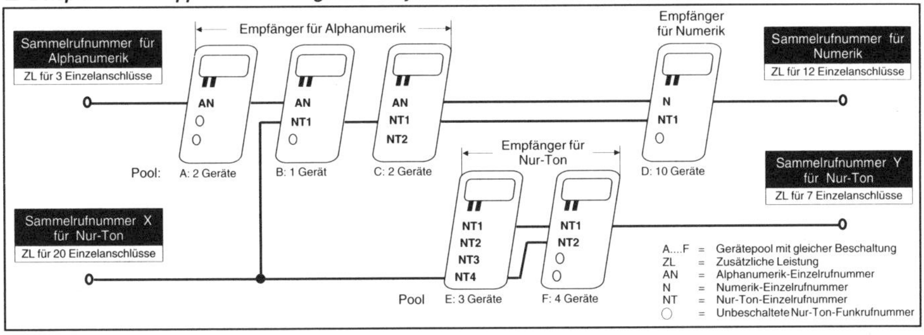

Abb. 25 (Quelle Telekom)

Der große Vorteil vom Sammelruf besteht darin, daß keine besonderen Empfänger notwendig sind, sondern die normalen Geräte für Einzelruf genutzt werden können. Zudem ist der Sammelruf rufklassenunabhängig.

Betrachten wir den Sammelruf ein wenig näher. Wie erreicht ein Funkruf mehrere Empfänger, obwohl diese augenscheinlich unterschiedliche Funkrufnummern haben?

Dieses Problem wird mit einer sogenannten Sammelrufliste gelöst. In dieser Liste können bis zu 20 Funkrufnummern eingeschrieben werden. Beispiel: Die Firma X setzt 10 Cityruf-Empfänger der Rufklasse 0 ein. Alle Empfänger sind mit vier Funkrufnummern beschaltet. Bei einem Großalarm in der Firma X sollen alle 10 Empfänger auf ihrer vierten Funkrufnummer angesprochen werden. Zu diesem Zweck läßt sich die Firma X eine Sammelrufnummer schalten. Hinter dieser Sammelrufnummer verbirgt sich eine Liste, in die alle 10 Empfänger mit ihrer vierten Funkrufnummer eingeschrieben sind. Bei dieser Sammelrufnummer handelt es sich um eine spezielle Funkrufnummer. Bei Anwahl dieer Nummer werden vom Cityrufsystem automatisch die obigen Funkrufempfänger nacheinander auf der vierten Funkrufnummer angewählt.

2.6 Das technische Grundprinzip von Cityruf

Wir haben ja in den vorangegangenen Kapiteln die verschiedenen Eingabemöglichkeiten von Cityruf betrachtet. Prinzipiell läßt sich sagen, daß von irgendeinem Eingabegrät ein Zugang zum Cityruf-Netz hergestellt wird.

Nachdem die Nachricht eingegeben wurde, geht der Ruf zu einem Funkrufsender und von dort wird er in das Gebiet ausgestrahlt.

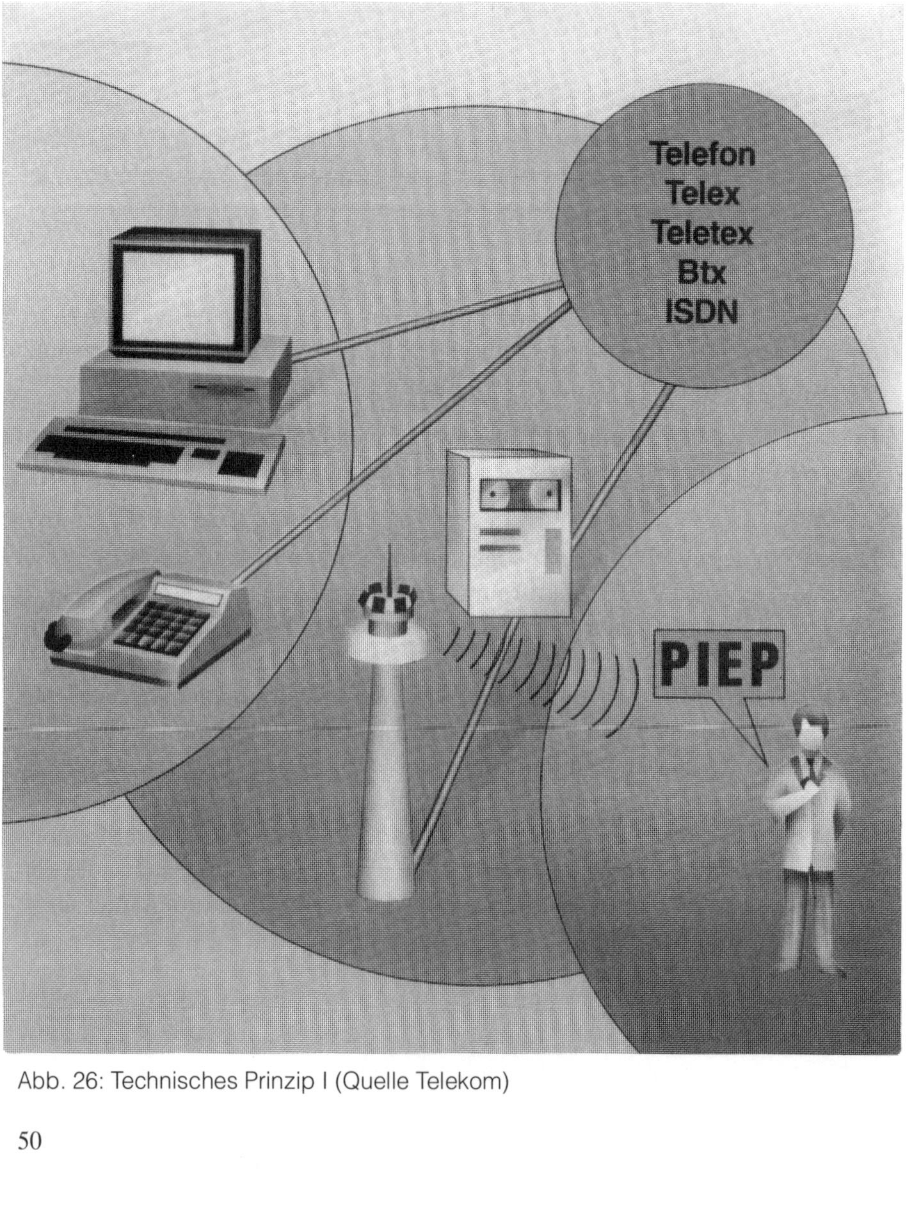

Abb. 26: Technisches Prinzip I (Quelle Telekom)

Aber schauen wir uns die einzelnen Schritte etwas genauer an: Das Cityruf-Netz besteht in der Hauptsache aus drei verschiedenen Komponenten:

- Funkrufvermittlungsstelle
- Funkkonzentratoren
- Funkrufsendestellen

Mittels eines Eingabegerätes erhält man den Zugang zu dem Cityruf-Netz. Hier laufen alle Rufe zunächst auf einer Funkrufvermittlungsstelle auf. Die Funkrufvermittlungsstelle erkennt, für welche Rufzonen die einzelnen Rufe bestimmt sind. Entweder erkennt sie das direkt aus der Identifikationsnummer (also aus dem Adreßcode) oder aufgrund der nachgewählten Rufzonennummer (Zielruf).

Von der Funkrufvermittlungsstelle wird der Ruf zum Funkrufkonzentrator weitergeleitet. Der Funkrufkonzentrator sorgt nun dafür, daß der Funkruf bei allen Funkrufsendestellen, die in einer Rufzone existieren, ankommt.

Erhält man bei der Aussendung des Funkrufes die Mitteilung: »Ihr Funkruf wurde abgenommen«, so ist just in diesem Moment der Funkruf bei allen Funkrufsendestellen eingetroffen und wird unmittelbar danach ausgestrahlt.

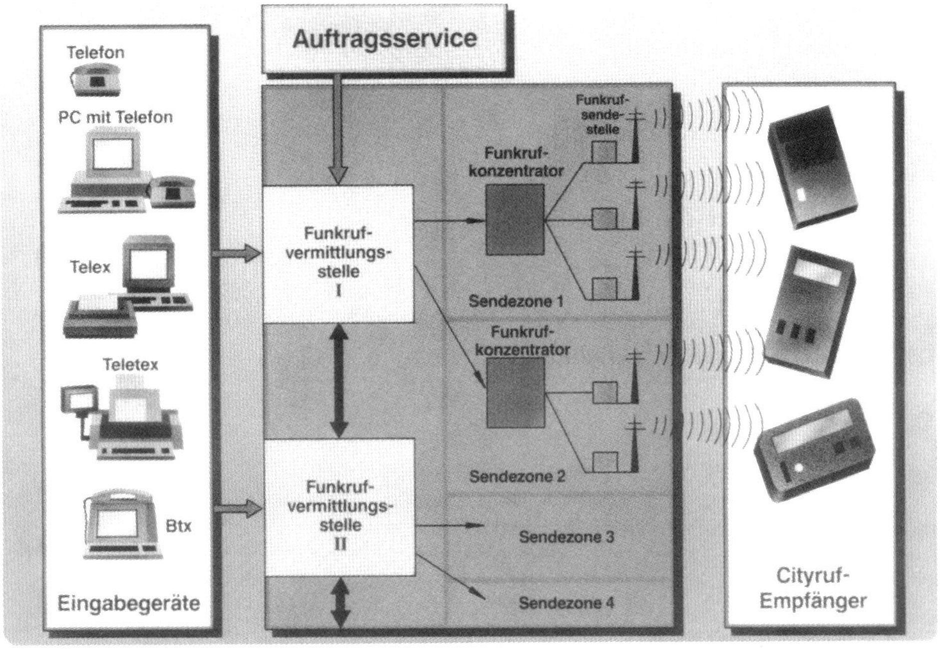

Abb. 27: Technisches Prinzip II (Quelle Telekom)

2.7 Was kostet der Cityruf-Dienst den Nutzer?

2.7.1 Einmalige Entgelte

Für die Bereitstellung oder Änderung eines Funkrufanschlusses	65,00 DM
Die Bereitstellung der besonderen Betriebsmöglichkeiten ist frei.	
Für die Änderung der besonderen Betriebsmöglichkeiten, Sammelruf, Weitere Rufzone, Zielruf, Zielruf zusätzlich zum Einzelruf, Superzone, wird folgende Gebühr erhoben	10,00 DM

2.7.2 Monatliche Entgelte

Je Funkrufanschluß

Nur-Ton (2 Rufnummern)	
– Einzel- oder Zielruf	18,00 DM
– Gruppenruf	100,00 DM
Numerik (1 Rufnummer)	
– Einzel- oder Zielruf	26,00 DM
Alphanumerik (1 Rufnummer)	
– Einzel- oder Zielruf	43,00 DM
Jede weitere Nur-Ton-Rufnummer (max. 2)	
– Einzel- oder Zielruf	1,00 DM
– Gruppenruf (nur für Nur-Ton)	10,00 DM

Besondere Betriebsmöglichkeit

Superzone

Je Funkrufanschluß	
– Nur-Ton	6,00 DM
– Numerik	9,00 DM
– Alphanumerik	12,00 DM

Besondere Betriebsmöglichkeiten (nur bei fester Rufzone)

Sammelruf

Je Funkrufnummer und Sammelrufliste
- Nur-Ton . . . . 3,00 DM
- Numerik . . . . 5,00 DM
- Alphanumerik . . . . 10,00 DM

Weitere Rufzonen

Je Rufzone
- Nur-Ton . . . . 3,00 DM
- Numerik . . . . 5,00 DM
- Alphanumerik . . . . 10,00 DM

Zielruf zusätzlich zum Einzelruf

Die Anzahl der Funkrufnummern ist gleich der Anzahl der zugeteilten Funkrufnummern für Einzelruf

- Nur-Ton, je Anschluß . . . . 3,00 DM
- Numerik, je Anschluß . . . . 5,00 DM
- Alphanumerik, je Anschluß . . . . 10,00 DM

2.8 Wie man einen Cityruf-Empfänger ans Netz bekommt

Um diesen Punkt umfassend erörten zu können, bedarf es zunächst einer Vorbetrachtung.

Seit 1990 gibt es eine Kooperation zwischen bestimmten Funkfachhändlern und der Deutschen Bundespost Telekom. Dieser Kooperationsvertrag beinhaltet unter anderem, daß diese Händler die Cityruf-Empfänger selber freischalten dürfen.

Nach diesem kleinen Exkurs schauen wir uns die administrative Seite von Cityruf an. Nach dem Kauf eines Cityruf-Empfängers steht natürlich die Beschaltung, mit einer von dem Kunden gewünschten Anzahl, von Funkrufnummern. Wie geht das vor sich? Wenn der Cityruf bei einem Funkfachhändler erstanden worden ist, der die Freischaltung selbst durchführen kann, so braucht der Kunde lediglich noch einen Funkrufdienstauftrag (Cityruf, Inforuf) zu unterschreiben. Die Freischaltung erfolgt über Btx. Zu diesem Zwecke ist eine geschlossene Benutzergruppe installiert worden. Die eigentliche Stelle, die alle Cityruf-Empfänger freischaltet, sitzt in Frankfurt/Main. Über Btx gelangen alle notwendigen Daten, die für das Freischalten benötigt werden, direkt zu dieser zentralen Stelle. Das Wichtigste, nämlich die Funkrufnummern, vergibt aber bereits das Btx-System und zwar über eine automatische Funkrufnummernvergabe. Die Funkrufnummern, die man dort mitgeteilt bekommt, werden auf dem Auftrag vermerkt. Der unterschriebene Auftrag wird von dem Funkfachhändler zum zuständigen Fernmeldeamt weitergeleitet. Der Cityruf-Empfänger kann in der Regel nach ca. einer Stunde nach der Bekanntgabe der Funkrufnummern bereits genutzt werden.

Im zweiten Fall ist das Verfahren ähnlich. Der Cityruf-Empfänger wurde nicht bei einem für das Freischalten autorisierten Funkfachhändler gekauft, sondern in einem Kaufhaus. In diesem Fall muß der Kunde zu seinem zuständigen Fernmeldeamt gehen. Dort existiert eine Dienststelle, die sich Geschäftskundenvertrieb nennt. Bei diesem Geschäftskundenvertrieb ist der sogenannte Sonderanmeldeplatz Funk angesiedelt. Dieser ist für alle administrativen Belange in allen Mobilfunkdiensten zuständig. Und genau an diesem Platz wird der Cityruf-Empfänger freigeschaltet. Der Kunde muß auch hier nur noch den Funkrufdienstauftrag (Cityruf, Inforuf) unterzeichnen. Die Funkrufnummern bekommt er ebenfalls direkt mitgeteilt. Dieser Sonderanmeldeplatz Funk ist ebenso wie die Händler in der geschlossenen Benutzergruppe für die Freischaltung von Cityruf-Empfängern zugelassen.

Betrachten wir uns einen weiteren Fall: Der Kunde ersteht seinen Cityruf-Empfänger direkt bei der Telekom. Hier gibt es wiederum zwei grundsätzliche Möglichkeiten, einen Empfänger zu bekommen. Die eine Möglichkeit besteht darin, daß ein Kunde seinen Cityruf-Empfänger direkt im Telekomladen kauft. Die meisten werden den Telekomladen unter dem alten Namen - Telefonladen – kennen. Der Telekomladen kann administrativ genauso betrachtet werden wie ein Funkfachhändler. Das heißt, die Telekomladenkraft veranlaßt die Freischaltung des Cityruf-Empfängers über das mittlerweile bekannte Btx-System.

Die zweite Möglichkeit stellt der Telekom-Versand dar. Die Telekom hat vor ca. zwei Jahren einen eigenen Versandhandel für Telekommunikations-Endgeräte ins Leben gerufen. Der Kunde genießt bei dieser Möglichkeit die ganzen Vorteile des Versandgeschäftes (Rückgabe der Ware innerhalb einer bestimmten Zeit, Rechnung muß erst innerhalb von 30 Tagen beglichen

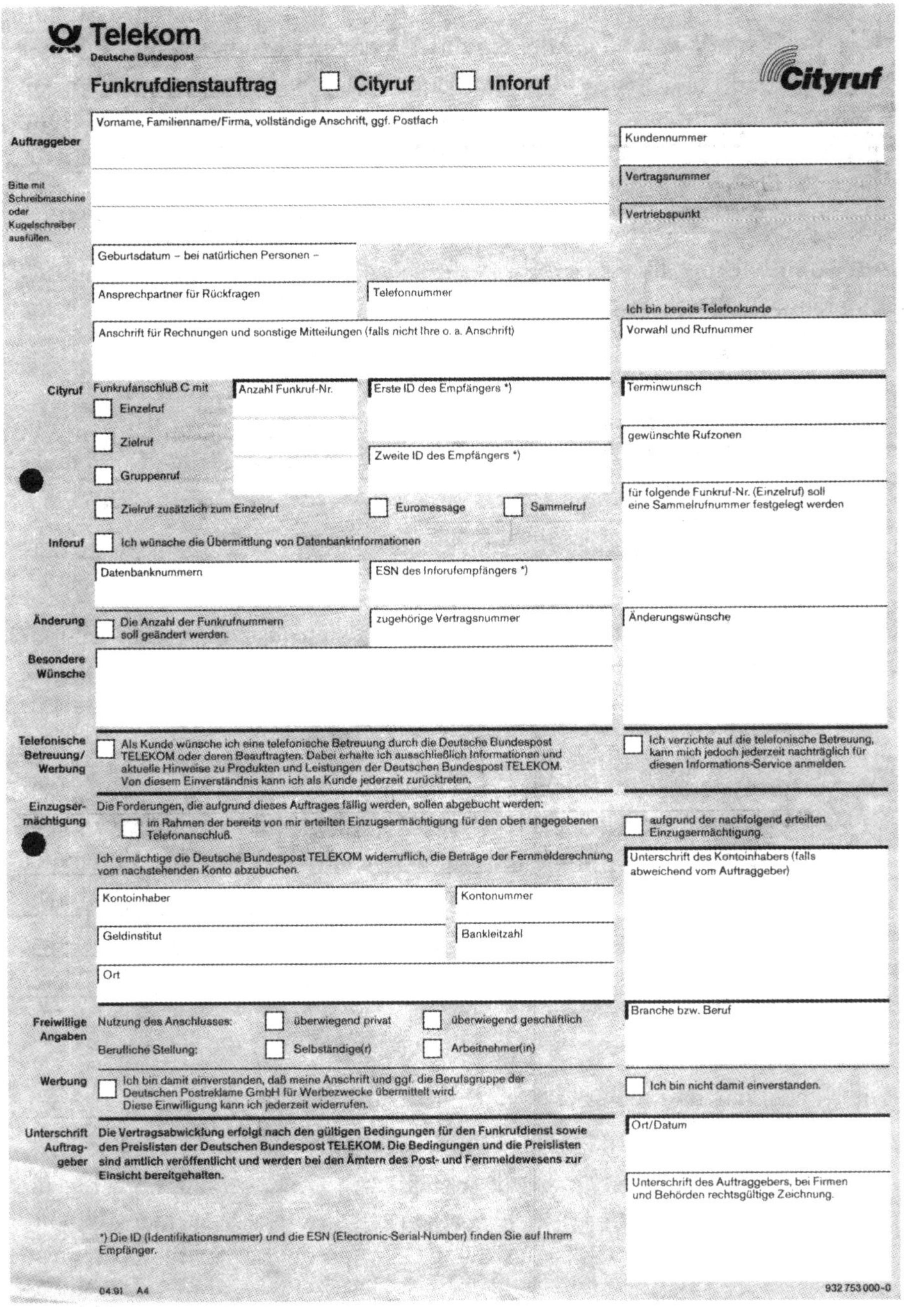

Telekom
Deutsche Bundespost

Funkrufdienstauftrag ☐ Cityruf ☐ Inforuf

Cityruf

Auftraggeber

Bitte mit Schreibmaschine oder Kugelschreiber ausfüllen.

Vorname, Familienname/Firma, vollständige Anschrift, ggf. Postfach

Kundennummer

Vertragsnummer

Vertriebspunkt

Geburtsdatum – bei natürlichen Personen –

Ansprechpartner für Rückfragen

Telefonnummer

Ich bin bereits Telefonkunde

Anschrift für Rechnungen und sonstige Mitteilungen (falls nicht Ihre o. a. Anschrift)

Vorwahl und Rufnummer

Cityruf

Funkrufanschluß C mit

☐ Einzelruf

☐ Zielruf

☐ Gruppenruf

Anzahl Funkruf-Nr.

Erste ID des Empfängers *)

Zweite ID des Empfängers *)

Terminwunsch

gewünschte Rufzonen

☐ Zielruf zusätzlich zum Einzelruf ☐ Euromessage ☐ Sammelruf

für folgende Funkruf-Nr. (Einzelruf) soll eine Sammelrufnummer festgelegt werden

Inforuf

☐ Ich wünsche die Übermittlung von Datenbankinformationen

Datenbanknummern

ESN des Inforufempfängers *)

Änderung

☐ Die Anzahl der Funkrufnummern soll geändert werden.

zugehörige Vertragsnummer

Änderungswünsche

Besondere Wünsche

Telefonische Betreuung/ Werbung

☐ Als Kunde wünsche ich eine telefonische Betreuung durch die Deutsche Bundespost TELEKOM oder deren Beauftragten. Dabei erhalte ich ausschließlich Informationen und aktuelle Hinweise zu Produkten und Leistungen der Deutschen Bundespost TELEKOM. Von diesem Einverständnis kann ich als Kunde jederzeit zurücktreten.

☐ Ich verzichte auf die telefonische Betreuung, kann mich jedoch jederzeit nachträglich für diesen Informations-Service anmelden.

Einzugsermächtigung

Die Forderungen, die aufgrund dieses Auftrages fällig werden, sollen abgebucht werden:

☐ im Rahmen der bereits von mir erteilten Einzugsermächtigung für den oben angegebenen Telefonanschluß.

☐ aufgrund der nachfolgend erteilten Einzugsermächtigung.

Ich ermächtige die Deutsche Bundespost TELEKOM widerruflich, die Beträge der Fernmelderechnung vom nachstehenden Konto abzubuchen.

Unterschrift des Kontoinhabers (falls abweichend vom Auftraggeber)

Kontoinhaber

Kontonummer

Geldinstitut

Bankleitzahl

Ort

Freiwillige Angaben

Nutzung des Anschlusses: ☐ überwiegend privat ☐ überwiegend geschäftlich

Berufliche Stellung: ☐ Selbständige(r) ☐ Arbeitnehmer(in)

Branche bzw. Beruf

Werbung

☐ Ich bin damit einverstanden, daß meine Anschrift und ggf. die Berufsgruppe der Deutschen Postreklame GmbH für Werbezwecke übermittelt wird. Diese Einwilligung kann ich jederzeit widerrufen.

☐ Ich bin nicht damit einverstanden.

Unterschrift Auftraggeber

Die Vertragsabwicklung erfolgt nach den gültigen Bedingungen für den Funkrufdienst sowie den Preislisten der Deutschen Bundespost TELEKOM. Die Bedingungen und die Preislisten sind amtlich veröffentlicht und werden bei den Ämtern des Post- und Fernmeldewesens zur Einsicht bereitgehalten.

Ort/Datum

Unterschrift des Auftraggebers, bei Firmen und Behörden rechtsgültige Zeichnung.

*) Die ID (Identifikationsnummer) und die ESN (Electronic-Serial-Number) finden Sie auf Ihrem Empfänger.

04.91 A4

932 753 000-0

Abb. 27a: Funkrufdienstauftrag Cityruf, Inforuf (Quelle Telekom)

werden). Der Kunde kann seine Bestellung entweder telefonisch oder mit Bestellkarte aufgeben. Wenn der Cityruf-Empfänger geliefert wird, ist dieser sofort betriebsbereit. Außerdem werden auf einem beiliegenden Zettel die Funkrufnummern auch schon mitgeliefert. Des weiteren umfaßt die Lieferung ein Funkrufdienstauftrag (Cityruf, Inforuf). Dieser Auftrag muß dem zuständigen Fernmeldeamt, dort natürlich dem Sonderanmeldeplatz Funk, zugeleitet werden.

Nachdem wir uns alle Varianten angeschaut haben, wo man einen Cityruf-Empfänger erstehen und so schnell wie möglich freischalten kann, stellen wir fest, daß ohne diesen Funkrufdienstauftrag (Cityruf, Inforuf) nichts läuft. Deshalb wollen wir uns etwas genauer mit diesem Auftrag befassen.

Wie der Name schon sagt, meldet man mit diesem Funkrufdienstauftrag sowohl einen Cityruf-Empfänger als auch einen Euromessage-Empfänger oder einen Inforuf-Empfänger an.

Es müssen nur die weißen Felder vom Kunden ausgefüllt werden, soweit dies überhaupt erforderlich ist.

Als erstes werden im Auftrag die Auftraggeberdaten ausgefüllt. Das Geburtsdatum ist nur bei natürlichen Personen auszufüllen. Das bedeutet, das Geburtsdatum muß nicht angegeben werden, wenn es sich bei dem Auftraggeber um eine Firma handelt.

Den Ansprechpartner für Rückfragen und dessen Telefonnummer ist für den Fall gedacht, wenn es vielleicht einmal Probleme beim Freischalten gibt. Dann kann sich das Fernmeldeamt sofort mit der richtigen Person in Verbindung setzen. Gerade bei größeren Firmen ist es nicht immer einfach, auf Anhieb den richtigen Ansprechpartner zu finden.

Die Anschrift für Rechnungen und sonstige Mitteilungen muß nur dann ausgefüllt werden, wenn Rechnungsanschrift und Auftraggeberanschrift unterschiedlich sind.

Die Kundennummer rechts oben muß nicht ausgefüllt werden.

Die Telefonnummer in dem Feld »ich bin bereits Telefonkunde« ist für den Fall vorgesehen, daß der Kunde die monatlichen Grundgebühren über seine normale Fernmelderechnung laufen lassen möchte. Aufgrund der Telefonnummer weiß das Fernmeldeamt dann auch sofort die Fernmelderechnungsnummer.

Das nächste große Feld ist dann für das Anmelden des Cityruf-Empfängers gedacht. Dort kreuzt man einfach an, wie der Cityruf-Empfänger geschaltet werden soll (Einzelruf, Zielruf).

Des weiteren muß die ID-Nummer des Empfängers angegeben werden, und wie viele Funkrufnummern auf den einzelnen Empfänger geschaltet werden sollen. Wie wir bereits wissen, benötigt man das Feld für die zweite ID-Nummer nur für den Gruppenruf.

Das Feld »Terminwunsch« ist unerheblich, da ein Empfänger, wie schon erwähnt, innerhalb von einer Stunde freigeschaltet wird. Das Feld »Gewünschte Rufzone« ist nur für die Rufart weitere Rufzone von Belang. Dort werden die Rufzonen eingetragen, in denen man erreichbar sein möchte. Das Feld darunter ist nur bei der Rufart Sammelruf auszufüllen.

Falls man einen Cityruf-Empfänger mit Option auf Euromessage besitzt und diese Option wahrnehmen möchte, so muß das Feld Euromessage angekreuzt werden. Was Euromessage genau ist, wird etwas später in diesem Buch beschrieben (Punkt 2.11).

Auch der Inforuf-Dienst wird im weiteren Verlauf dieses Buches noch beschrieben. Falls man nun einen Inforuf-Empfänger anmelden möchte, braucht man nur die Elektronische Seriennummer des Inforuf-Empfängers anzugeben (steht auf der Rückseite der Empfänger, direkt unter oder über der ID-Nummer). Die Datenbanknummern sind abhängig von den Informationen, die man gerne abfragen möchte. Was nun diese Informationen genau sind und was sich so alles dahinter verbirgt, erfährt man unter dem Punkt 2.12.

Falls die Anzahl der Funkrufnummer geändert werden soll (z. B.: Nurton-Empfänger von zwei auf drei Funkrufnummern aufrüsten), muß das im Feld Änderung angekreuzt werden. Zusätzlich wird der Wunsch dann im Klartext im Feld »Änderungswünsche« notiert (z. B. eine Funkrufnummer Nurton soll noch hinzukommen).

Im Feld »Besondere Wünsche« trägt man spezielle Wünsche ein. Beispielsweise ist bei den Rufarten noch keine Superzone vermerkt. Falls diese gewünscht wird, kann sie in diesem Feld eingetragen werden.

Ob man telefonisch von der Telekom betreut werden möchte oder nicht, muß jeder Kunde für sich selbst entscheiden und das dementsprechende Feld ankreuzen. Wird es vergessen, wird das so gewertet, daß man keine telefonische Beratung wünscht.

Als nächstes kann der Kunde wählen, ob er die monatlichen Gebühren über seine normale Telefonrechnung in Rechnung gestellt bekommen möchte oder ob er eine separate Rechnung darüber erstellt bekommen möchte. Falls eine separate Rechnung erwünscht ist, muß er das im Feld »Besondere Wünsche« eintragen.

Die »Freiwilligen Angaben« dienen ausschließlich statistischen Zwecke.

Das Feld »Werbung« braucht nur dann ausgefüllt zu werden, wenn man damit einverstanden ist, daß die eigene Adresse für Werbezwecke an die Deutsche Postreklame weitergegeben wird. Falls man hier nichts ankreuzt, wird das so interpretiert, daß man damit nicht einverstanden ist.

Zu guter Letzt muß der Kunde diesen Auftrag nur noch unterschreiben.

2.9 Abgrenzung Cityruf – Eurosignal

In vielen Fällen ist dem Anwender nicht ganz klar, ob für ihn nun ein Cityruf-Empfänger oder Eurosignal-Empfänger das Richtige ist. Diese kleine Gegenüberstellung soll dem zukünftigen Funkrufdienst-Nutzer eine kleine Hilfestellung geben

Tabelle 3

	CITYRUF	EUROSIGNAL
Merkmale	Übertragung eines akustischen Signales, einer numerischen oder alphanumerischen Nachricht Keine Dialogfähigkeit	Übertragung eines akustischen Signales Keine Dialogfähigkeit
Rufklassen	3 Funkrufklassen – Nurton (Bedeutung ist voher zu vereinbaren) – Numerisch (15 Ziffern – Alphanumerisch (80 Zeichen)	1 Funkrufklasse Nurton (Bedeutung ist vorher zu vereinbaren)
Rufarten	7 Betriebsmöglichkeiten: – Einzelruf – Zielruf – Zielruf zusätzlich zum Einzelruf – Weitere Rufzone – Superzone – Sammelruf – Gruppenruf	7 Betriebsmöglichkeiten: – Einzelruf – Gruppenruf

Mobilität	Hohe Mobilität, da der Empfänger am Körper tragbar ist	Hohe Mobilität, da der Empfänger am Körper tragbar ist
Reichweite	Inland: Aussendung des Funkrufes in geographisch begrenzten Ballungszentren (Rufzonen) 51 Rufzonen in Deutschland Ausland: Rufzonen in Frankreich, Italien, Großbritannien, Schweiz (Euromessage)	Inland: Aussendung des Funkrufes in geographisch weiträumigen Funkrufbereichen, 3 Funkrufbereiche in der BRD (alt) Ausland: Frankreich, Schweiz
Endgeräte	klein und handlich	klein und handlich
Preise	Endgeräte: ca. 300 DM bis 1.000 DM Monatliche Preise: 18 DM bis 45 DM	Endgeräte: ca. 900 DM bis 1.500 DM Monatliche Preise: 25 DM bis 46 DM

Die Anwendung von Cityruf ist dann wirtschaftlicher als die Anwendung von Eurosignal, wenn der Nutzer eine höhere Anforderung an die Art der Informationsübermittlung stellt und sich innerhalb von einer Cityruf-Rufzone aufhält.

2.10 Empfänger-Übersicht

2.10.1 Nurton-Empfänger

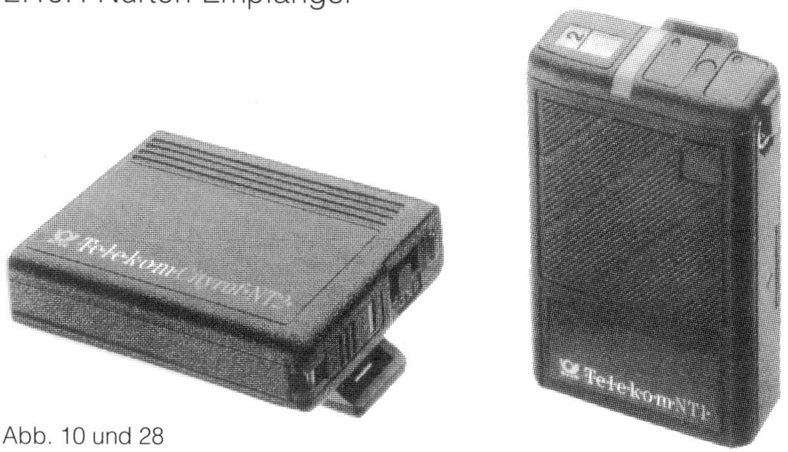

Abb. 10 und 28

Panasonic
Cityruf
Off/On
Mini
Mem
Last
SWISSPHONE
Cityline signal

Abb. 11 und 29

Leistungsmerkmale	**Swissphone Cityline *1) DE 301 Signal**	**Grundig Top-Ton-GFR461**	**Motorola Bravo Ton *2)**
Anzahl der Funkruf-nummern	1 – 4	1 – 4	1 – 4
Signale-optisch – akustisch – Vibration	ja ja Option	ja ja Option	ja ja Option
Speicherkapazität für Nachrichten	4 Anrufe	16 Anrufe	4 Anrufe
Gewicht	90 g	55 g	63 g
Betriebszeit	ca. 900 Std	ca. 1000 Std	ca. 800 Std
Größe	89x53x19 mm	85x50x20 mm	68,8x43,3x14 mm
Euromessagefähig	nein	nein	ja
Preis	ca. 400,- DM	ca. 560,- DM	ca. 400,- DM

*1) Baugleich mit Stabo Citycall Ton
*2) Baugleich mit Amaris Citycom Ton

Leistungsmerkmale	**Bosch Cityfon 110**	**AEG Citycall**	**ALCATEL/SEL E 411**
Anzahl der Funkruf-nummern	1 – 4	1 – 4	1 – 4
Signale-optisch – akustisch – Vibration	ja ja nein	ja ja Option	ja ja Option
Speicherkapazität für Nachrichten	4 Anrufe	16 Anrufe	8 Anrufe
Gewicht	40 g	75 g	80 g
Betriebszeit	ca. 1000 Std.	keine Angaben	ca. 800 Std
Größe	117x20x16 mm	96x53x16 mm	72x49x18 mm
Euromessagefähig	nein	nein	nein
Preis	keine Angaben	ca. 350,- DM	ca. 350,- DM

Leistungsmerkmale	**Motorola *1) Bravo-Ton II**	**Panasonic EK 3095**	**Bosch Cityfon 220 NT**
Anzahl der Funkruf-nummern	1 – 4	1 – 4	1 – 4
Signale-optisch – akustisch – Vibration	ja ja Option	ja ja ja	ja ja nein
Speicherkapazität für Nachrichten	4 Anrufe	4 Anrufe	4 Anrufe
Gewicht	83 g	50 g	120 g
Betriebszeit	ca. 560 Std	ca. 600 Std	ca. 800 Std
Größe	48,3x73x17,8mm	45,5x15,5x60mm	89x57x20 mm
Euromessagefähig	nein	nein	ja
Preis	ca. 400,- DM	ca. 300,- DM	keine Angaben

*1) Baugleich mit Telekom NT 2

Leistungsmerkmale	**ALCATEL/SEL E 421 *1)**	**Telekom NT 1**	**Bosch CR 450**
Anzahl der Funkruf-nummern	1 – 4	1 – 4	1 – 4
Signale-optisch - akustisch - Vibration	ja ja Option	ja ja nein	ja ja Option
Speicherkapazität für Nachrichten	8 Anrufe	4 Anrufe	4 Anrufe
Gewicht	80 g	86 g	64 g
Betriebszeit	ca. 800 Std	keine Angaben	ca. 580 Std
Größe	72x49x18 mm	38,5x59x19,8mm	69x43x14 mm
Euromessagefähig	ja	nein	nein
Preis	keine Angaben	ca. 420,– DM	keine Angaben

*1) Einführung Ende 1992

2.10.2 Numerik Empfänger

Abb. 30–31

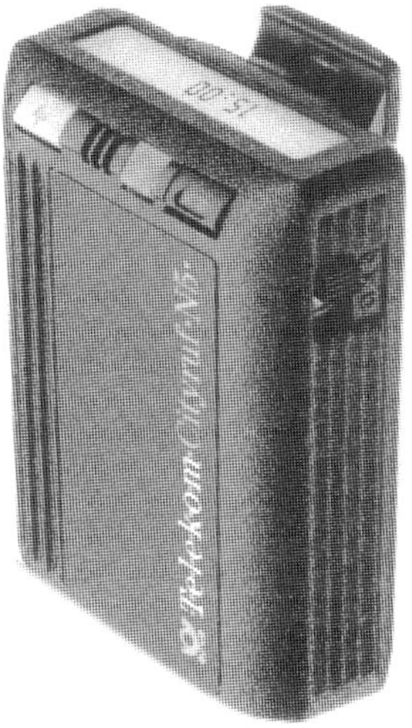

Abb. 32–34

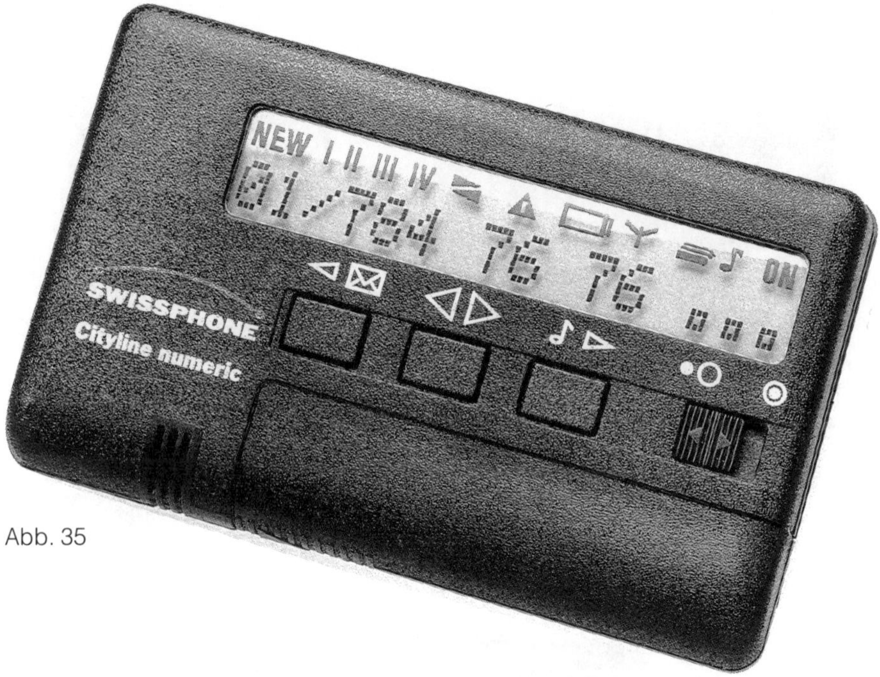

Abb. 35

Leistungsmerkmale	**Motorola *1)** **Plus**	**Telekom** **N 5**	**Panasonic** **EK 3097**
Anzahl der Funkruf-nummern	1 Numerik 2 Nurton	1 Numerik 2 Nurton	1 Numerik 2 Nurton
Signale-optisch – akustisch – Vibration	ja ja Option	ja ja ja	ja ja ja
Speicherkapazität für Nachrichten	16 Nachrichten	8 Nachrichten	16 Nachrichten
Display/Zeichen	12 Zeichen	12 Zeichen	12 Zeichen
Gewicht	83,4 g	82 g	90 g
Größe	49,5x72,9x19mm	19,8x35,8x59mm	50x69x18,5 mm
Euromessagefähig	ja	ja	nein
Betriebszeit	ca. 2000 Std	keine Angaben	ca. 560 Std
Preis	ca. 535,- DM	ca. 590,- DM	ca. 500,- DM

*1) Einführung geplant

Leistungsmerkmale	**Bosch Cityfon 220 N**	**Grundig GFR 461**	**Swissphone*1) DE 401**
Anzahl der Funkruf-nummern	1 Numerik 2 Nurton	1 Numerik2 Nurton	1 Numerik 2 Nurton
Signale-optisch – akustisch – Vibration	ja ja nein	ja ja Option	ja ja nein
Speicherkapazität für Nachrichten	4 Nachrichten	16 Nachrichten	max 500 Zeichen
Display/Zeichen	10 Zeichen	12 Zeichen	16 Zeichen
Gewicht	120 g	110 g	98 g
Größe	89x57x20 mm	67x98x17 mm	89x53x19 mm
Euromessagefähig	ja	nein	nein
Betriebszeit	ca. 800 Std	ca. 1000 Std	ca. 800 Std
Preis	keine Angaben	ca. 560,– DM	ca. 500,– DM

*1) Baugleich mit Stabo Citycall Numerik

Leistungsmerkmale	**Bosch CR 453**	**Motorola*1) Express**	**ALCATEL/SEL E 422 *2)**
Anzahl der Funkruf-nummern	1 Numerik 2 Nurton	1 Numerik 2 Nurton	1 Numerik 2 Nurton
Signale-optisch – akustisch – Vibration	ja ja Option	ja ja ja	ja ja Option
Speicherkapazität für Nachrichten	6 Nachrichten	8 Nachrichten	20 Nachrichten
Display/Zeichen	12 Zeichen	12 Zeichen	12 Zeichen
Gewicht	83 g	67 g	80 g
Größe	73x48x18 mm	49x75x14 mm	72x49x18 mm
Euromessagefähig	nein	ja	ja
Betriebszeit	ca. 720 Std	ca. 1000 Std	ca. 800 Std
Preis	keine Angaben	keine Angaben	keine Angaben

*1) In der Zulassung *2) Einführung Ende 1992

Leistungsmerkmale	**Telekom N 3**	**AMARIS *1) Citycom Numerik**	**AEG Citycall plus**
Anzahl der Funkruf-nummern	1 Numerik 2 Nurton	1 Numerik 2 Nurton	1 Numerik 2 Nurton
Signale-optisch – akustisch – Vibration	ja ja nein	ja ja Option	ja ja Option
Speicherkapazität für Nachrichten	16 Nachrichten	6 Nachrichten	15 Nachrichten
Display/Zeichen	12 Zeichen	12 Zeichen	15 Zeichen
Gewicht	82 g	83,4 g	78 g
Größe	38,5x59x19,8mm	48,3x73x17,8mm	96x53x16 mm
Euromessagefähig	nein	nein	nein
Betriebszeit	keine Angaben	ca. 690 Std	keine Angaben
Preis	ca. 509,– DM	ca. 570,– DM	ca. 450,– DM

*1) Baugleich mit Motorola Bravo

Leistungsmerkmale	**ALCATEL/SEL E 402**
Anzahl der Funkrufnummern	1 Numerik 2 Nurton
Signale-optisch – akustisch – Vibration	ja ja Option
Speicherkapazität für Nachrichten	20 Nachrichten
Display/Zeichen	12 Zeichen
Gewicht	80 g
Größe	72x49x18 mm
Euromessagefähig	nein
Betriebszeit	ca. 800 Std
Preis	ca. 430,- DM

2.10.3 Alphanumerik-Empfänger

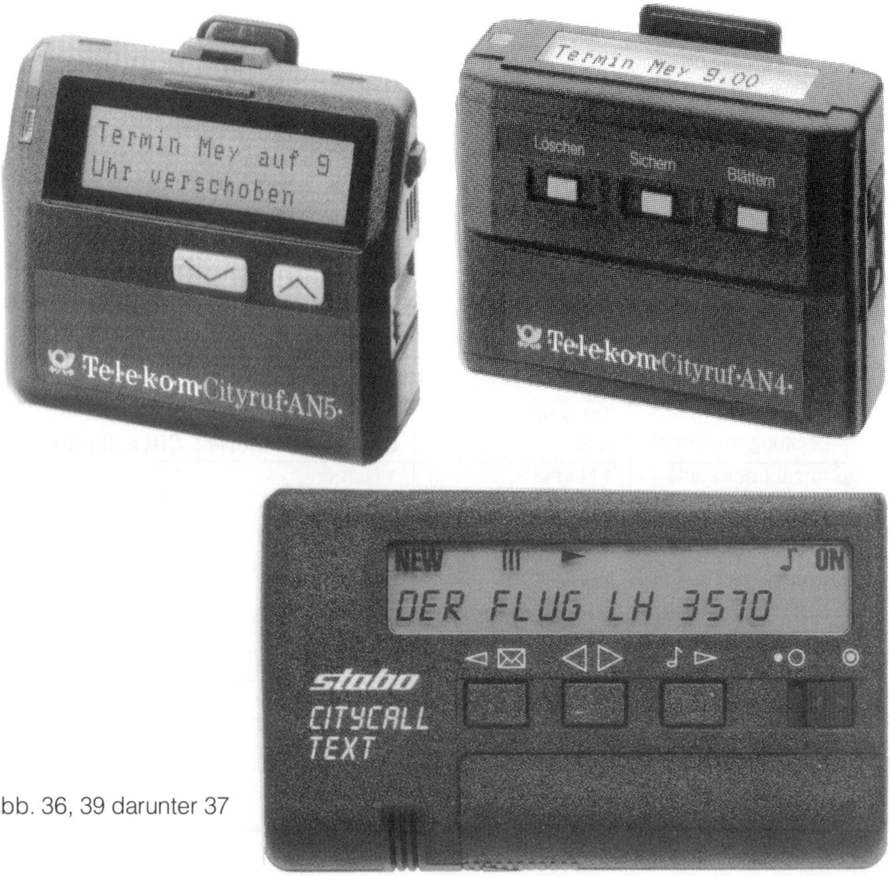

Abb. 36, 39 darunter 37

Cityruf
Panasonic
Privat auf Draht.
im Büro sowieso.

CITYRUF
Cityruf

Abb. 38 und 40

Abb. 41, 43
und 42

Leistungsmerkmale	Bosch Cityfon 330	Motorola *1) Advisor	Panasonic*2) EK 3077
Anzahl der Funkruf-nummern	1 Alphanumerik 2 Nurton	1 Alphanumerik 2 Nurton	1 Alphanumerik 2 Nurton
Signale-optisch – akustisch – Vibration	ja ja ja	ja ja ja	ja ja ja
Speicherkapazität für Nachrichten	40 Nachrichten	40 Nachrichten	40 Nachrichten
Display/Zeichen	40 Zeichen	80 Zeichen	36 Zeichen
Gewicht	113 g	116,6 g	110 g
Größe	58x96x20 mm	59x85,8x19,8mm	82x65x20 mm
Euromessagefähig	ja	ja	nein
Betriebszeit	ca. 720 Std	ca. 950 Std	ca. 560 Std
Preis	keine Angaben	ca. 940,– DM	ca. 750,– DM

*1) Baugleich mit Amaris Citycom Alpha 4 *2) Baugleich mit Telekom AN 5

Leistungsmerkmale	ALCATEL/SEL E 413	Grundig FR 47	Telekom AN 4
Anzahl der Funkruf-nummern	1 Alphanumerik 2 Nurton	1 Alphanumerik 2 Nurton	1 Alphanumerik 2 Nurton
Signale-optisch – akustisch – Vibration	ja ja Option	ja ja Option	ja ja ja
Speicherkapazität für Nachrichten	15 Nachrichten	16 Nachrichten	20 Nachrichten
Display/Zeichen	16 Zeichen	16 Zeichen	16 Zeichen
Gewicht	114 g	110 g	100 g
Größe	60x81,5x21 mm	67x98x17 mm	63x82x20 mm
Euromessagefähig	nein	nein	ja
Betriebszeit	ca. 800 Std	ca. 400 Std	keine Angaben
Preis	ca. 630,– DM	ca. 1050,– DM	ca. 750,– DM

Leistungsmerkmale	AEG Citycall alpha	Bosch CR 455	ALCATEL/SEL E 423 *1)
Anzahl der Funkruf-nummern	1 Alphanumerik 2 Nurton	1 Alphanumerik 2 Nurton	1 Alphanumerik 2 Nurton
Signale-optisch – akustisch – Vibration	ja ja Option	ja ja ja	ja ja Option
Speicherkapazität für Nachrichten	50 Nachrichten	16 Nachrichten	15 Nachrichten
Display/Zeichen	96 Zeichen	16 Zeichen	16 Zeichen
Gewicht	125 g	96 g	114 g
Größe	110x68x17 mm	77x56x21 mm	60x81,5x21 mm
Euromessagefähig	nein	nein	ja
Betriebszeit	keine Angaben	ca. 720 Std	ca. 800 Std
Preis	keine Angaben	keine Angaben	keine Angaben

*1) Einführung Ende 1992

Leistungsmerkmale	**Swissphone *1) DE 501 alpha**	**Motorola *2) Alpha**	**Swissphone *3) Superline DE 510**
Anzahl der Funkruf-nummern	1 Alphanumerik 2 Nurton	1 Alphanumerik 2 Nurton	1 Alphanumerik 2 Nurton
Signale-optisch - akustisch - Vibration	ja ja nein	ja ja Option	ja ja ja
Speicherkapazität für Nachrichten	500 Zeichen	16 Nachrichten	16 Nachrichten
Display/Zeichen	16 Zeichen	16 Zeichen	92 Zeichen
Gewicht	98 g	105,9 g	130 g
Größe	53x89x19 mm	56,4x77,5x22 mm	91x55x19 mm
Euromessagefähig	nein	ja	ja
Betriebszeit	ca. 800 Std	ca. 840 Std	ca. 650 Std
Preis	ca. 700,- DM	ca. 750,- DM	keine Angaben

*1) Baugleich mit Stabo Citycall Text
Baugleich mit Multitone RPR 383
Baugleich mit Dantronik City Call Alpha
*2) Baugleich mit Amaris Citycom Alpha 1
*3) Baugleich mit Dantronik City Call S
Baugleich mit Multitone RPR 393
Baugleich mit Bosch Cityfon 300

2.11 Die europäische Erweiterung von Cityruf: Euromessage

Euromessage, der Zusatzdienst von Cityruf, kann schon als eine Verbesserung zum Eurosignal-Dienst angesehen werden. Der Eurosignal-Dienst ist außer in der Bundesrepublik (alt) auch in Frankreich und der Schweiz nutzbar.

Bei Euromessage handelt es sich um den Zusammenschluß der Cityruf-Netze von Deutschland, Frankreich, Großbritannien, Italien und der Schweiz. Allerdings sind die Ausbaugrade in diesen Ländern sehr unterschiedlich. Die Ausbaustrategie in Deutschland haben wir ja bereits kennengelernt. Frankreich und die Schweiz haben einen ähnlich guten Ausbaugrad wie die Bundesrepublik (aber auch nicht flächendeckend). In Italien sind nur die größten Städte mit Cityruf versorgt. Dagegen existiert in Großbritannien nur die Großrufzone London. In 1992 soll noch eine Rufzone in der schottischen Hauptstadt Edinburgh folgen.

Abb. 44: Ausbaustandskarte Euromessage

Nachfolgend eine Übersicht der Rufregionen:

1) Deutschland:

- 492 Aachen, Bonn, Dortmund, Duisburg, Düsseldorf, Essen, Koblenz, Köln
- 493 Berlin, Dresden, Erfurt, Frankfurt/Oder, Leipzig, Rostock
- 494 Bremen, Hamburg, Kiel, Lübeck, Oldenburg, Schwerin
- 495 Bielefeld, Braunschweig, Göttingen, Hannover, Kassel, Magdeburg, Minden, Osnabrück
- 496 Frankfurt/Main, Fulda, Karlsruhe, Mainz, Mannheim, Saarbrücken
- 497 Aalen, Freiburg, Geislingen, Heidenheim, Stuttgart, Tuttlingen, Ulm
- 498 Augsburg, Kempten, München
- 499 Landshut, Nürnberg, Passau, Regensburg, Schweinfurt, Weiden, Würzburg

---

2) England:

- 441 London London, Guildford, Harlow, Luton, Maidstone, Reigate, Rochester, St. Albans, Slough, Stanstead, Stevenage

---

3) Frankreich:

- 331 Paris
  Paris, Chartres
- 332 Nord-Est
  Calais, Dünkirchen, Lille, Metz, Montbeliard, Mühlhausen, Nancy, Reims, Straßburg
- 333 Rhone-Alpes
  Annecy, Besançon, Chalon-sur-Saone, Clermont-Ferrand, Grenoble, Lyon, Măcon, Roanne, St. Etienne, Valence
- 334 Mediteranée
  Aix-en-Provence, Bezirs, Carcassonne, Cannes, Marseilles, Montpellier, Monaco, Nizza, Nîmes, Perpigan, Toulon
- 335 Aquitaine
  Agen, Bayonne, Biarritz, Bordeaux, La Rochelle, Limoges, Montauban, Niort, Pau, Poitiers, Tarbes, Toulouse
- 336 Quest
  Angers, Brest, Boulogne, Cherbourgh, Dinan, Le Havre, Le Mans, Lorient, Nantes, Orléans, Rennes, Rouen, St. Nazaire, Tours, Caen

---

4) Italien

- 391 Turin
  Turin, Genua
- 392 Mailand
  Mailand, Bergamo, Brescia
- 393 Venedig
  Venedig, Bozen, Padua, Pordenone, Triest, Udine
- 394 Bologna
  Bologna, Modena
- 395 Rom
  Rom
- 396 Florenz
  Ancona, Calgliaria, Florenz, Pescara, Prato
- 397 Neapel
  Neapel, Bari
- 398 Sizilien
  Cantani, Messina, Palermo, Reggio di Calabria

---

5) Schweiz

- 411 Schweiz
  Bern, Genf, St. Gallen, Lausanne, Zürich

Für Euromessage sind spezielle Euromessage-Empfänger notwendig, die man aber auch nur für Cityruf nutzen kann.

Diese Rufregionen-Nummer muß der Kunde beim Einbuchen in eine ausländische Rufzone angeben. Wie dieses Einbuchen abläuft, wird im weiteren Verlauf dieses Abschnittes beschrieben. Die Nummern der deutschen Rufregionen sind nur für ausländische Funkruf-Empfänger interessant. Die Rufregionen in Deutschland sind identisch mit den Superzonen.

Um am Euromessage-Dienst teilnehmen zu können, bedarf es euromessagefähiger Cityruf-Empfänger. Diese Empfänger können entweder ausschließlich für Cityruf oder für Cityruf und Euromessage genutzt werden. Vom Eurosignal-Dienst wissen wir, daß dort spezielle internationale Funkrufnummern vergeben werden. Das ist bei Euromesssage nicht der Fall. Euromessage-Teilnehmer haben eine ganz normale Cityrufnummer. Die Empfänger sind auch nicht automatisch in den ausländischen Rufzonen eingebucht. Das muß der Anwender im Bedarfsfall selbst veranlassen. Über eine für diesen Dienst eingerichtete Service-130-Nummer (0130 0300) kann der Anwender sich selbst für eine ausländische Rufzone anmelden. Er muß dabei nur angeben,

Abb. 45: Beispiel eines alphanumerischen Euromessage-Empfängers (Quelle Telekom)

Abb. 46: Beispiel eines Nurton-Euromessage-Empfängers. (Quelle Telekom)

welche ausländische Rufzone er für welchen Zeitraum nutzen möchte. Das Absenden eines Funkrufes von Deutschland ins Ausland stellt sich sehr einfach dar. Dafür wurde von der TELEKOM eigens ein Auftragsdienst Euromessage unter der Rufnummer 016952 eingerichtet. Dieser Auftragsdienst ist rund um die Uhr besetzt.

2.11.1 Was kostet der Zusatzdienst Euromessage den Nutzer?

Monatliche Kosten

Der Euromessage-Dienst kann nur in Verbindung mit dem Cityruf-Dienst betrieben werden. Die hier aufgeführten Kosten sind zusätzlich zu den monatlichen Cityruf-Kosten zu entrichten.

Je Funkrufanschluß

– Nur-Ton	3,00 DM
– Numerik	5,00 DM
– Alphanumerik	10,00 DM

Einbuchung und Tagespreis

Je Auftrag (eine oder mehrere Rufregionen, einmalig)	10,00 DM
Je Rufregion (täglich)	1,00 DM

2.12 Ein Zusatzdienst über die Cityrufsender: INFORUF

Seit Dezember 1991 bietet die TELEKOM eine neue Dienstleistung über die Cityrufsender an: den INFORUF. Hierbei handelt es sich um ein System, wo nur bestimmte Informationen empfangen werden. Das Aussenden dieser Informationen erfolgt über die Cityrufsender. Mit den INFORUF-Empfängern ist somit auch die Teilnahme am Cityruf-Dienst möglich.

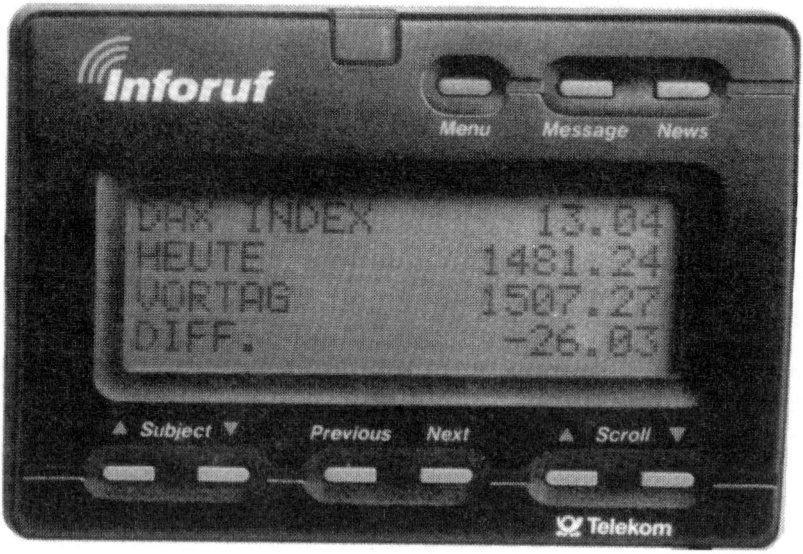

Abb. 47: Beispiel eines INFORUF-Empfängers (Quelle Telekom)

Kommen wir zurück zu diesen bestimmten Informationen. Verantwortlich für diese ist nicht die TELEKOM, sondern ein sogenannter Informationsanbieter. Zum besseren Verständnis muß kurz der Aufbau des INFORUF-Dienstes erläutert werden:

Das INFORUF-System besteht aus 16 Datenbanken. Jeder Informationsanbieter kann nun seinerseits so viele Datenbanken mit seinen Informationen »vollpacken«, wie die TELEKOM ihm zugesteht. Diese dort »gelagerten« Informationen werden entweder zyklisch ausgesendet oder bei Datenänderung. Wie weiß aber das System, welcher INFORUF-Empfänger Zugriff zu den gewünschten Datenbanken erhält? Die INFORUF-Empfänger verfügen deshalb nicht nur über eine ID-Nummer, sondern auch noch über eine elektronische Seriennummer. Über diese elektronische Seriennummer wird einem Empfänger der Zugriff auf eine oder mehrere Datenbanken »erlaubt«.

2.12.1 Was bietet INFORUF ?

Wie oben bereits dargestellt, bietet INFORUF einen direkten Zugriff auf bestimmte Datenbanken. Von den 16 möglichen Datenbanken sind derzeit vier in Betrieb. Davon bietet Reuters alleine drei Datenbanken. Die vierte wird von dem Vereinigten Wirtschaftsdienst (VWD) angeboten.

Beide Informationsanbieter stellen Börsen- und Wirtschaftsinformationen zur Verfügung.

Schauen wir uns die vier Datenbanken an:

Reuters:

Datenbank 1: Devisen
Hier sind die wichtigsten Devisenkurse ersichtlich, die brandaktuell direkt von der Börse übermittelt werden. Informationen aus der Börse sind in der Regel maximal 84 Sekunden später auf dem Display des INFORUF-Empfängers abzulesen.

Datenbank 2: Aktien/Indices
In der Hauptsache sind hier Aktienkurse abrufbar. Auch diese Kurse kommen in Realtime von der Frankfurter Börse. Es werden die 30 Aktienkurse ausgewiesen, auf denen der Deutsche Aktienindex (DAX) beruht. Darüber hinaus werden auch ausländische Börsenmärkte beobachtet.

Datenbank 3: Nachrichten
Hier kann man aktuelle Wirtschaftsnachrichten nachlesen.

VWD:

Die einzige Datenbank von VWD ist in drei Bereiche aufgegliedert:

Bereich 1: Nachrichten
Dieser Bereich bietet die neusten Nachrichten aus Politik und Wirtschaft.

Bereich 2: Marktberichte
Der Bereich gibt einen Überblick über die augenblickliche Lage der großen Börsenmärkte dieser Welt.

Bereich 3: Kurse/Indizes
Der Börseninteressierte erhält in diesem Bereich die aktuellsten Devisen- und Aktienkurse. Auch VWD bietet die 30 relevanten Aktienkurse für den DAX an.

Neben den derzeit angebotenen Informationen sind in der Zukunft noch eine Reihe weiterer Informationen denkbar. Da ein Informationsanbieter selbst festlegen kann, in welchen Rufzonen er seine Informationen anbietet, kann er sich natürlich auch auf regionale Informationen beschränken. Das können beispielsweise regionale Verkehrsinformationen, Wetterinformationen für die Landwirtschaft oder Segelfliegerei, Wasserstandinformationen für die Binnenschiffahrt etc. sein. Bei der Art der Informationen sind der Phantasie keine Grenzen gesetzt. Selbstverständlich wird sich ein Informationsanbieter im

Vorfeld Gedanken machen, welche Informationen nicht nur nützlich, sondern auch noch profitabel sind.

2.12.2 Wer nutzt INFORUF?

Bei den heutigen angebotenen Informationen ist eigentlich klar, daß es nur einen kleinen, stark eingegrenzten Kreis von INFORUF-Nutzern gibt.

Abb. 48: Nutzung eines Inforuf-Empängers durch einen Finanzmakler (Quelle Telekom)

Das sind zum einen Finanzmakler, die auf die neusten Informationen von der Börse angewiesen sind. Auch Sparkassen und Banken sind Nutzer; weniger die Hauptzentralen, die in der Regel von Reuters oder VWD über EDV-Systeme ausgiebigere Börsendaten geliefert bekommen als viel mehr größere Filialen. Darüber hinaus gibt es noch eine ganz kleine Gruppe von Nutzern. Das sind beispielsweise Kreativbüros, Ideensucher oder andere kleine exklusive Gruppen. Damit INFORUF auch für eine breite Masse interessant werden kann, müssen auf der einen Seite solche Informationen angeboten werden, für die ein großes Interesse besteht und auf der anderen Seite müssen die Kosten dafür auch in einem vernünftigen Verhältnis zur angebotenen Information stehen. Nachfolgend sind die Gebühren für die Nutzung der Datenbanken von Reuters und VWD aufgeführt.

2.12.3 Monatliche Grundgebühren für den INFORUF-Dienst:

70,– DM

Monatliche Grundgebühren für den INFORUF-Dienst und zusätzlich für den Cityruf-Dienst:

95,– DM

Die monatlichen Gebühren für die Nutzung der Datenbanken von Reuters:

Nutzung einer Datenbank:	120,– DM + MwSt
Nutzung von zwei Datenbanken:	155,– DM + MwSt
Nutzung von drei Datenbanken:	190,– DM + MwSt

Hinzu kommt eine Börsenabrufgebühr von monatlich:
21,50 DM + MwSt

Die monatlichen Gebühren für die Nutzung der Datenbank von VWD beträgt:

95,– DM + MwSt

Auch hier kommt eine monatliche Börsenabrufgebühr hinzu:

17,50 DM + MwSt

Aus dieser Kostenstruktur ist ersichtlich, daß es sich derzeit um einen eher elitären Nutzerkreis handelt. Aber die Akzeptanz eines solchen Nischenmarktes ist überaus respektabel. Es bleibt zu hoffen, daß zukünftig weitere Informationsanbieter mit interessanten Informationen auf den Markt kommen.

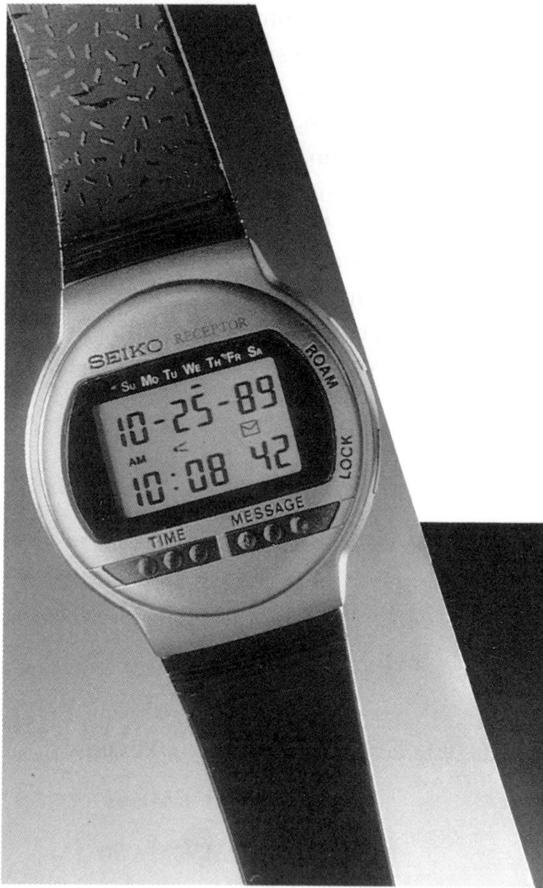

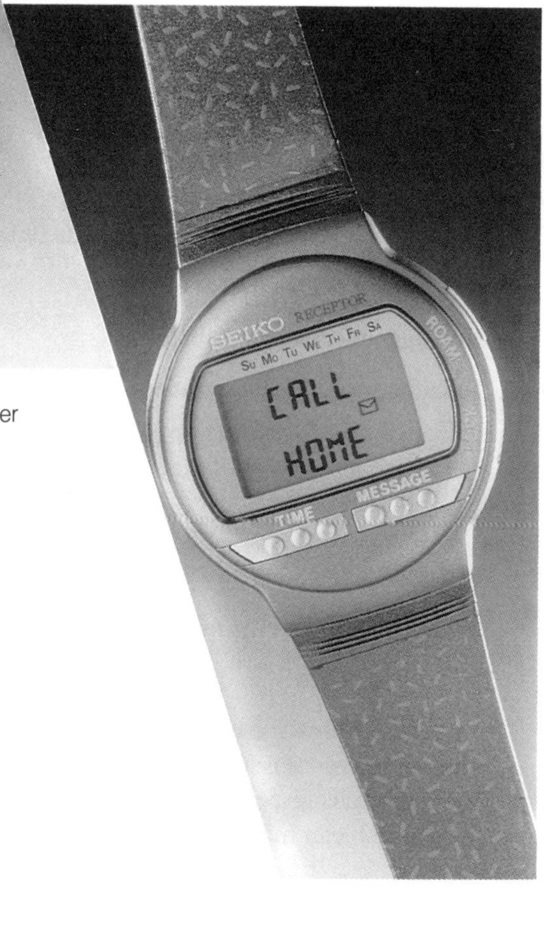

Armbanduhr und Paging-Empfänger in einem ist in den USA bereits für 200 Dollar zu bekommen.

3 Funkrufdienste im praktischen Einsatz

3.1 Praktische Eurosignal-Anwendungen

Eurosignal ist in der Bundesrepublik (alt) der am längsten angebotene Funkrufdienst.

Aufgrund dieser Tatsache verwundert es auch nicht, daß hier eine Vielzahl von Anwendungen existieren. Da es beim Eurosignal-Dienst lediglich eine Nurton-Signalisierung gibt, verlaufen alle Anwendungen prinzipiell nach dem gleichen Schema. Dieses Schema sieht folgendermaßen aus:

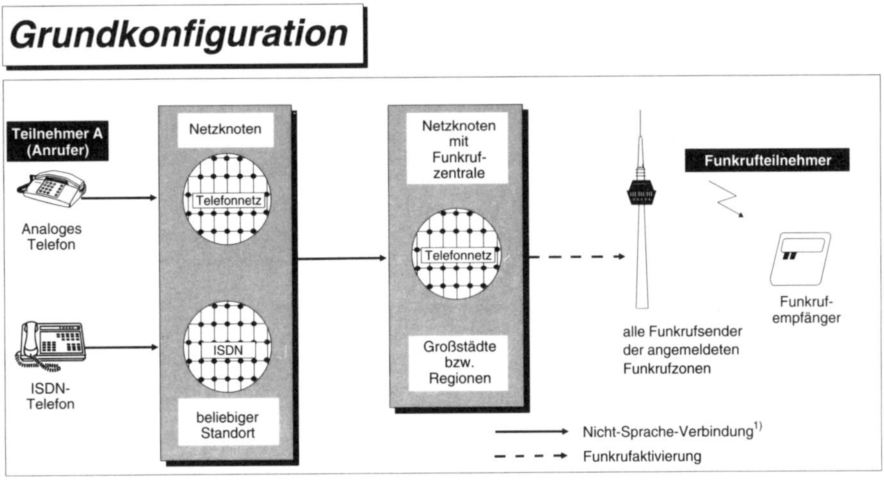

Abb. 49: Grundkonfiguration (Quelle Telekom)

Betrachten wir zunächst drei verschiedene Ablaufschemata zu Eurosignal.

Als erstes schauen wir uns eine praktische Anwendung von Eurosignal und dem Auftragsdienst der Telekom an:

Die Telekom bietet in bestimmten Großstädten einen sogenannten Auftragsdienst an. Was verbirgt sich dahinter?

Beispiel:

Ein Geschäftsmann aus Hamburg verbringt seinen Sommerurlaub am Bodensee. Er möchte aber, daß in dieser Zeit sein privater Telefonanschluß permanent abgefragt wird. Zu diesem Zweck wird sein Telefonanschluß zu dem Auftragsdienst durchgestellt. Somit fragt der Auftragsdienst seinen Anschluß ab und notiert alle wichtigen Mitteilungen.

Weil es dem Geschäftsmann aber zu umständlich und lästig erscheint, jeden Tag seine Mitteilungen abzufragen, vereinbart er mit dem Auftragsdienst folgendes: Sobald der Auftragsdienst zehn Mitteilungen vorliegen hat, aktiviert dieser umgehend den Eurosignal-Empfänger des Geschäftsmannes.

Dieser weiß dann, daß zehn Mitteilungen vorliegen, ruft den Auftragsdienst an und fragt die Mitteilungen ab.

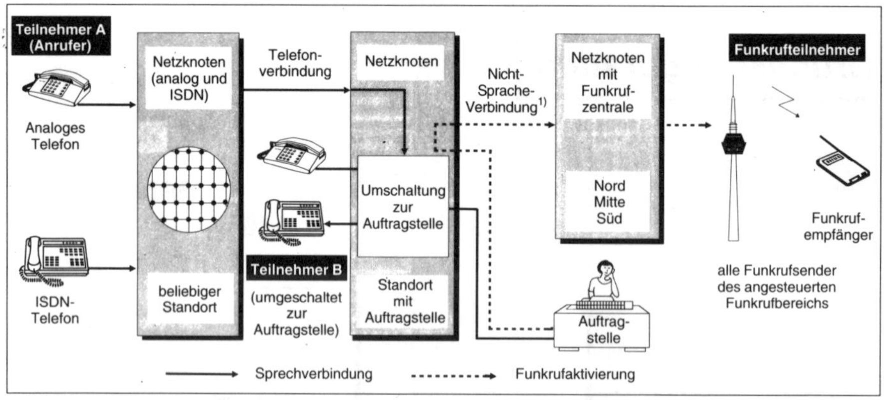

Abb. 50: Auftragsdienst mit Eurosignal (Quelle Telekom)

Bei diesem Beispiel wird der Geschäftsmann bei zehn Mitteilungen über seinen Cityruf-Empfänger informiert. Aber das ist eine reine Vereinbarungssache mit dem Auftragsdienst. Man kann sich sowohl bei jeder eingetroffen Mitteilung rufen lassen als auch bei jeder zwanzigsten.

Bei dem zweiten Ablaufschema handelt es sich um eine Verbindung zwischen einem Anrufbeantworter und einem Eurosignal-Empfänger. Der Anrufbeantworter muß allerdings über eine Fernabfrage und ein automatisches Wahlgerät verfügen.

Betrachten wir uns ein Beispiel: Eine Wartungsfirma für Heizungen unterhält an Wochenenden für dringende Fälle einen Bereitschaftsdienst. Dieser Bereitschaftsdienst besteht nur aus einer Person. Die Telefonnummer der Wartungsfirma ist im Telefonbuch veröffentlicht. Aus dem Telefonbuch geht auch hervor, daß zeitweise ein Anrufbeantworter eingeschaltet ist. Herr Meier stellt Samstag mittag fest, daß seine Heizung ausgefallen ist. Als erstes ruft er bei der Wartungsfirma an. Dort meldet sich nun der Anrufbeantworter, der ihm mitteilt, daß er seinen Namen, seine Telefonnummer und die Art der Störung auf das Band sprechen soll.

Unmittelbar nachdem Herr Meier den Telefonhörer wieder aufgelegt hat, wählt das automatische Wählgerät des Anrufbeantworters die Nummer des Eurosignal-Empfängers an.

Der Mann der Bereitschaft weiß jetzt, daß jemand eine Störung gemeldet hat. Er eilt zum nächsten Telefon, fragt den Anrufbeantworter ab und setzt sich anschließend mit dem Kunden in Verbindung.

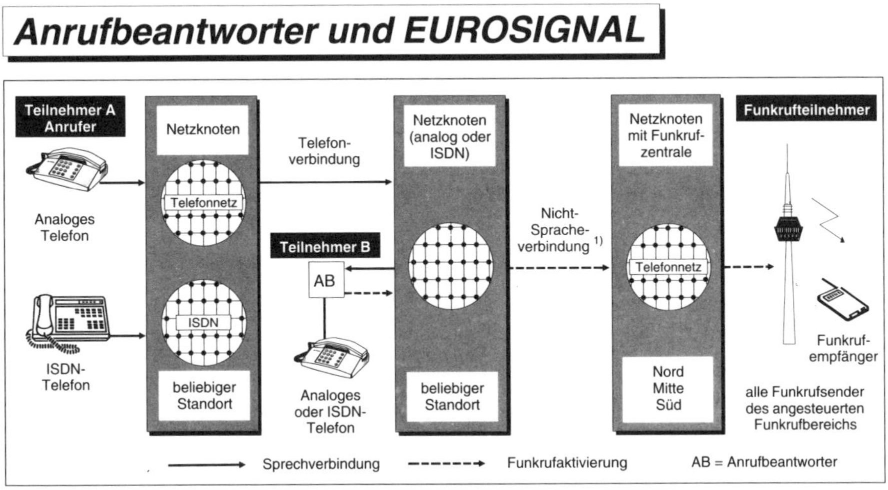

Abb. 51: Anrufbeantworter und Eurosignal (Quelle Telekom)

Das letzte Ablaufschema ist eine Verbindung zwischen Sprachbox und dem Eurosignal.

Dieses Ablaufschema stellt sich ähnlich dem vorangegangenen Schema wie folgt dar:

Beispiel:

Herr Schmidt ist häufig auf Geschäftsreise. Über seinen normalen Telefonanschluß ist er so gut wie nie zu erreichen. Ihn stört auch das ständige »Herumtragen« eines Funktelefons, da es für ihn zu unhandlich ist.

Außerdem hat Herr Schmidt das Problem, daß Informationen, die ihn erreichen, sofort an andere, bestimmte Personen weitergegeben werden müssen.

Zu diesem Zweck hat sich Herr Schmidt eine Sprachbox zugelegt, da er Gespräche, die auf eine Sprachbox auflaufen, auch noch zu beliebig vielen anderen Personen weiterleiten kann. Außerdem kann er in die Sprachbox eine sogenannte Zweitnummer eingeben. Bei dieser Zweitnummer handelt es sich um seine Eurosignal-Funkrufnummer.

Spricht nun jemand eine Nachricht auf die Sprachbox, wird Herr Schmidt über seinen Eurosignal-Empfänger davon in Kenntnis gesetzt.

Er hört daraufhin seine Sprachbox ab und entscheidet, zu welchen Personen diese Nachricht weitergeleitet werden soll.

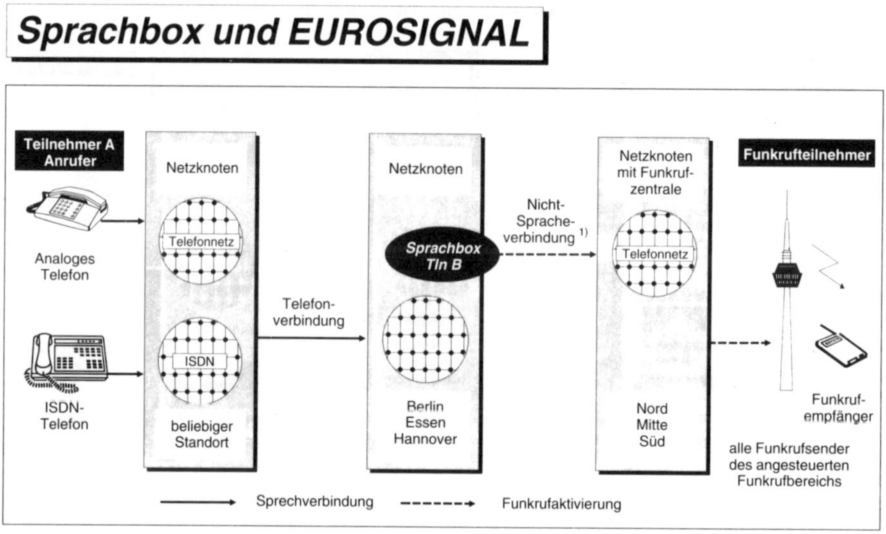

Abb. 52: Sprachbox und Eurosignal (Quelle Telekom)

Nachdem wir uns drei verschiedene Anwendungsmöglichkeiten betrachtet haben, wollen wir unser Interesse auf die verschiedenen Einsatzbereiche und Branchen richten, die mit Eurosignal arbeiten.

Betrachten wir zunächst den »klassischen Anwendungsfall«: das Herbeiholen eines Bereitschaftdienstes. Schauen wir uns beispielhaft zwei Ablaufschemata an:

Schema I

Die Stadtwerke einer größeren Stadt sind außerhalb der Regelarbeitszeit im Normalfall für Störungsmeldungen bezüglich Wasser, Gas und gegebenenfalls Elektrizität zuständig. Stellen wir uns folgendes vor: Ein Passant ruft Samstagabend bei den Stadtwerken an und meldet starken Gasgeruch im Bereich der Fußgängerzone. Derjenige, der die Störung entgegennimmt, alarmiert den dafür zuständigen Kollegen der Bereitschaft über einen Eurosignal-Empfänger. Die Bereitschaftskraft ruft zurück und erfährt so, wo es »brennt«.

Schema II

Eine Firma verfügt über eine automatische Produktionsstraße im 24-Stunden-Betrieb. Der Ausfall von Produktionsmaschinen außerhalb der Regelarbeitszeit und an Wochenenden bedeutet einen Produktionsausfall. Um diesen zu vermeiden, setzt die Firma X einen Bereitschaftsdienst ein.

Der Bereitschaftsdienst ist mit Eurosignal-Empfängern ausgerüstet. Wenn nun eine Maschine ausfällt, bemerkt das die Aufsicht. Diese holt mittels der Eurosignal-Empfänger den Bereitschaftsdienst herbei. Die Bereitschaftskraft wird unverzüglich den Betrieb aufsuchen.

Die Firma X könnte z. B. auch für die Maschinentechnik einen Schichtbetrieb einführen. Aber je nach Ausfallhäufigkeit der einzelnen Maschinen und der Größe der Firma rechnet es sich für die Firma, einen Techniker nur im Störungsfall kommen zu lassen. So lassen sich gegebenenfalls die Kosten für die Instandhaltung optimieren.

Beide Beispiele unterscheiden sich prinzipiell nur darin, daß bei Schema II kein Rückruf erfolgen muß.

Wie schon im Kapitel 1.2 beschrieben, sind die Handlungen, die nach dem Empfang einer Funkrufnachricht erfolgen, zuvor fest vereinbart worden. Die Branchen, die den Eurosignal-Dienst für das Herbeiholen einer Bereitschaft nutzen, reichen von den beiden beschriebenen Beispielen über Ärzte, Schlüsselnotdienste bis hin zu sozialen Notdiensten (Krankenhäuser).

Ein zweiter großer Anwendungsbereich stellt bei Eurosignal die Erreichbarkeit des Außendienstpersonals dar. Damit eine Firma ihr Außendienstpersonal erreicht, wird dieses mit Eurosignal-Empfängern ausgestattet. Dieses Verfahren verlangt nach erfolgter Benachrichtigung ebenfalls einen Rückruf im Büro, Zentrale etc. Je nach Rufhäufigkeit ist der Einsatz von Funkrufdiensten günstiger als die Nutzung von Funktelefondiensten.

Wenn man sich vor Augen führt, wie viele Unternehmen Beschäftigte im Außendienst unterhalten, läßt sich ermessen, wie groß das Potential für Funkrufdienste allgemein ist.

3.2 Prinzipielle Anwendungsmöglichkeiten mit dem Cityruf

Bevor wir auf die verschiedenen praktischen Anwendungsfälle zu sprechen kommen, wollen wir hier zuerst einmal grundsätzliche, branchenunabhängige Anwendungsmöglichkeiten betrachten. Dabei handelt es sich prinzipiell um die gleichen Möglichkeiten wie auch zuvor beim Eurosignal.

Die erste Möglichkeit besteht aus einer Kombination aus einem Anrufbeantworter mit Fernabfrage und automatischer Weiterwahl und einem Cityruf-Empfänger. Wie auch beim Eurosignal wird der Cityruf-Empfänger aktiviert, nachdem ein Gespräch auf dem Anrufbeantworter aufgelaufen ist. Mittels Fernabfrage kann diese Nachricht von jedem beliebigen Telefon abgefragt werden. Zu einem normalen Anrufbeantworter mit Fernabfrage gehört ein ähnlicher Handsender, wie er für eine numerische Cityrufeingabe benötigt wird. Dieser Handsender ist sehr wichtig für die Fernabfrage. Damit kein Unbefugter den Anrufbeantworter abhören kann, ist dieser mit einem Code gesichert (drei oder vier Ziffern, je nach Modell). Der Code wird in Mehrfrequenzwahl eingegeben; deshalb ist bei gewöhnlichen Telefonen ohne umschaltbares Wahlverfahren ein Handsender unbedingt erforderlich.

Die zweite Anwendungsmöglichkeit besteht auch hier aus einer Kombination zwischen einem Cityruf-Empfänger und dem Auftragsdienst.

Gemeint ist wieder der Auftragsdienst, zu dem man seinen Telefonanschluß umschalten kann (auch bei Cityruf derzeit nur in bestimmten Großstädten).

Je nach Vereinbarung zwischen dem Auftragsdienst und dem Kunden, wird dieser bei einer bestimmten Anzahl eingetroffener Mitteilungen über deren Eingang mittels des Cityruf-Empfängers informiert.

Anrufbeantworter und Cityruf

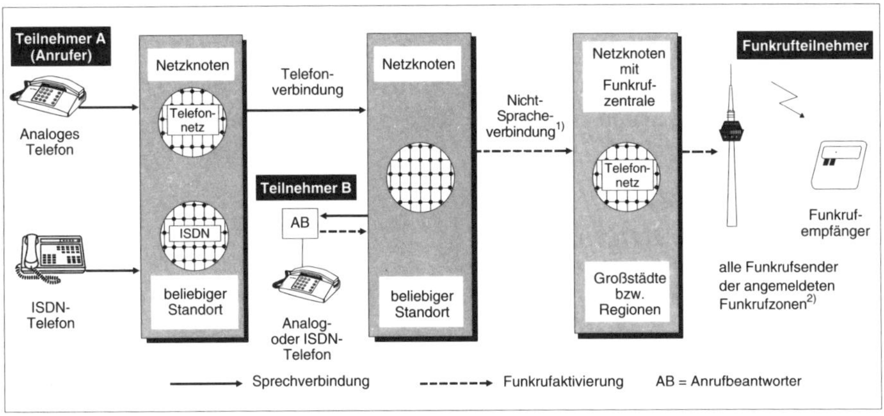

Abb. 53: Cityruf und Anrufbeantworter (Quelle Telekom)

Im Gegensatz zu der Verbindung Eurosignal und Auftragsdienst ist man hier natürlich durch die Größe der Rufzonen eingeschränkt. Andererseits muß aber auch berücksichtigt werden, daß es das Eurosignal im Gegensatz zum Cityruf nicht in den neuen Bundesländern gibt.

Auftragsdienst mit Cityruf

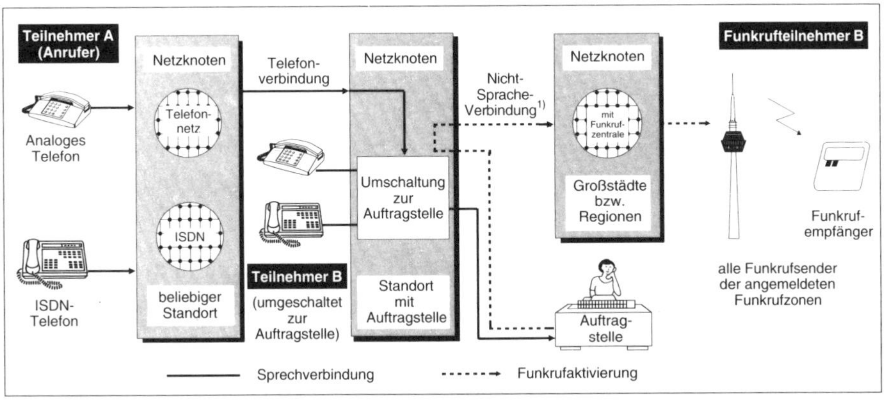

Abb. 54: Cityruf und Auftragsdienst

Die dritte Kombination, bestehend aus einer Sprachbox und einem Cityruf-Empfänger, haben wir ebenfalls bereits kennengelernt. Der Ablauf ist genauso wie auch beim Eurosignal.

Wie schon mehrfach wiederholt, handelt es sich bei Cityruf um einen rein regionalen Funkrufdienst. Deshalb rentiert sich eine solche Kombination wirklich nur dann, wenn sich ein solcher Anwender nur in einer oder wenigen Rufzonen aufhält.

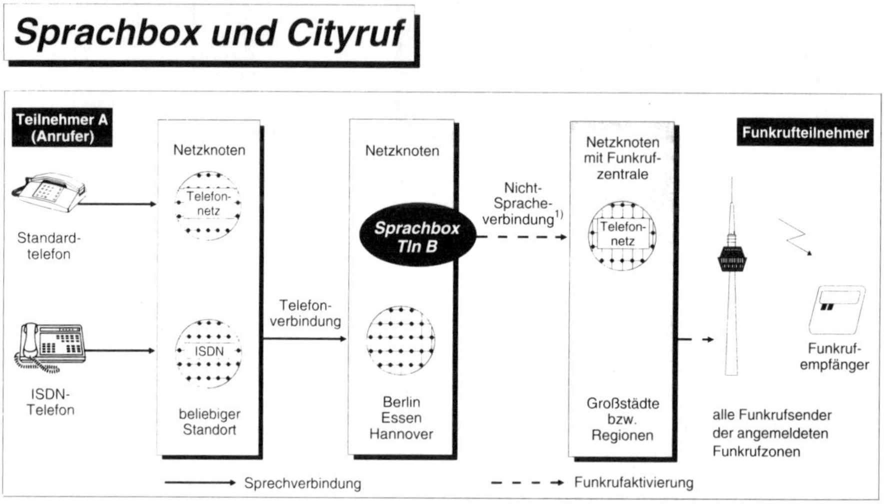

Abb. 55: Cityruf und Sprachbox (Quelle Telekom)

Als High-end-Anwendung ist die vierte Möglichkeit anzusehen: eine Verbindung von Cityruf und dem Telebox-400 Dienst.

Der Telebox-400 Dienst ist ähnlich dem Sprachbox-Dienst, mit dem Unterschied, daß keine Sprachinformationen, sondern Daten gespeichert und wieder versandt werden können.

Der rufende Telebox-400 Teilnehmer sendet einen Nurton, numerische oder alphanumerische Nachricht in Form eines Formulars an die Box »Cityruf«. Diese Box »Cityruf« ist ein Bestandteil der Telebox-400.

Die »Cityruf«-Box wird in zyklischen Abständen von einem PC ausgelesen. Der PC wertet den Adreßkopf aus und sendet die Nachricht zur Funkrufzentrale. Dort wird dann die entsprechende Nachricht (Nurton, numerisch oder alphanumerisch) ausgestrahlt.

Bei der gerade beschriebenen Anwendung muß nur der rufende Teilnehmer über eine Telebox-400 verfügen und nicht der gerufene.

Untersuchen wir noch den Fall, daß jemand eine Telebox-400 besitzt und über eingetroffene Nachrichten informiert werden will.

Ein Telebox-400 Teilnehmer (A) sendet eine überaus dringende Nachricht an einen anderen Telebox-400 Teilnehmer (B). Letzterer besitzt darüber hinaus auch noch einen Cityruf-Empfänger der Rufklasse 2.

Die dringende Nachricht wird nicht nur in die Box des Teilnehmers (B) eingeschrieben, sondern auch in die Box »Alert«. Die Box »Alert« wird wiederum in zyklischen Abständen ausgelesen und ausgewertet.

In dieser Box ist auch festgehalten, ob irgendwelche ankommenden Nachrichten auf irgendwelche Cityruf-Empfänger übermittelt werden sollen.

In unserem Fall erkennt der PC, daß die ankommende Nachricht für Teilnehmer (B) auf dessen Cityruf-Empfänger übertragen werden soll.

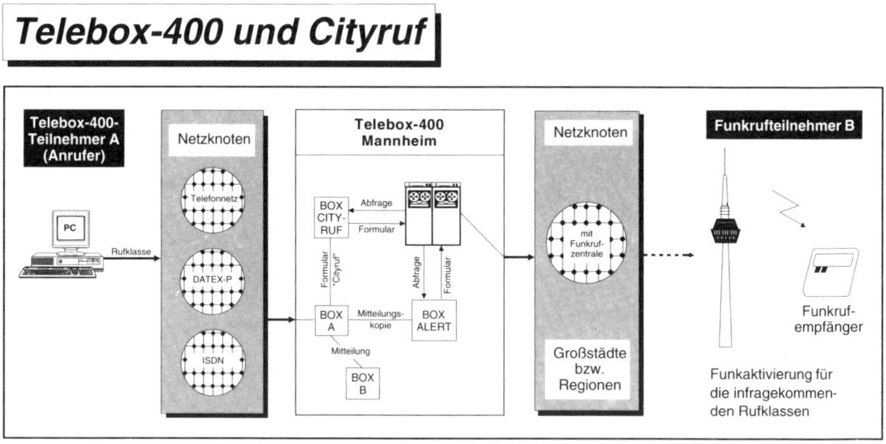

Abb. 56: Telebox-400 und Cityruf (Quelle Telekom)

3.3 Das Handwerk und der Cityruf

Die im Punkt 3.1 beschriebenen praktischen Anwendungsbeispiele (Herbeiholen einer Bereitschaft, Erreichen des Außendienstes) können selbstverständlich auch mit den Cityruf-Nurton-Empfängern durchgeführt werden, vorausgesetzt, es ist eine Cityruf-Funkversorgung gegeben.

Der große Vorteil von Cityruf liegt in seinen drei verschiedenen Rufklassen. Da die Rufklasse 0 ja analog dem Eurosignal-Dienst zu sehen ist, wollen wir uns bei der Beschreibung von Cityruf-Anwendungsbeispielen verstärkt auf die Rufklassen 1 und 2 beziehen.

Sehen wir uns zunächst einige Beispiele aus dem Handwerk an:

Beispiel 1: Eine Heizungs – und Sanitärfirma

Dieser Handwerksbetrieb beschäftigt vier Gesellen, die ständig auf verschiedenen Baustellen arbeiten. Im Laufe der Zeit haben sich solche kleinen Handwerksfirmen einen festen Kundenstamm aufgebaut, arbeiten für irgendwelche größeren Baufirmen als Subunternehmen bei der Fertigstellung neuer Bauten oder beschäftigen sich einfach mit kleineren und größeren Reparaturen.

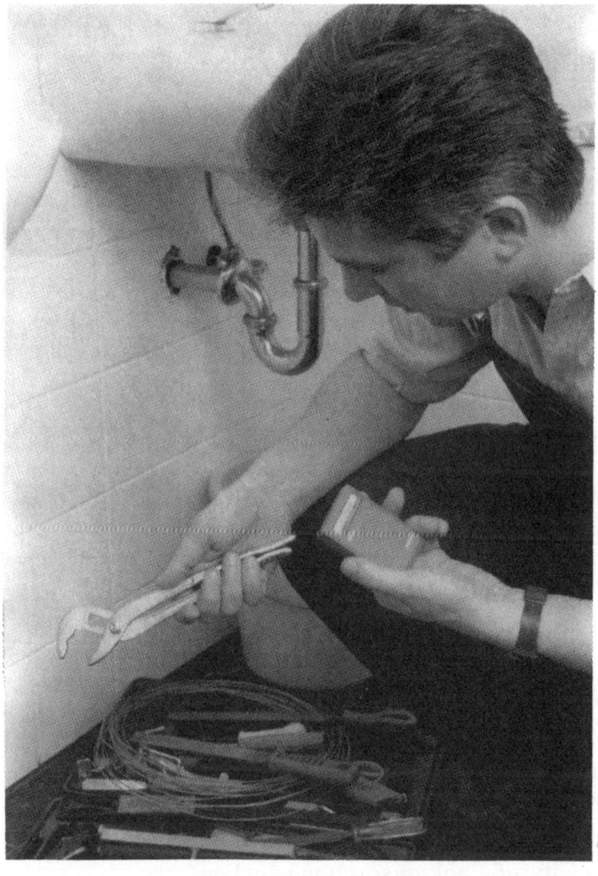

Abb. 57: Der Handwerker erhält gerade eine Nachricht über seinen Cityruf-Empfänger. Er kann sofort reagieren. (Quelle R.v.Decker's Verlag)

Wenn jetzt von einem guten Kunden ein Wasserrohrbruch gemeldet wird, fällt es dem Innendienst der Firma schwer, sofort Abhilfe zu garantieren. Das Problem besteht darin, daß auf Baustellen in der Regel keine Telefone installiert sind. Die Gesellen können nicht erreicht werden. Entweder lehnt die Firma den Auftrag ab, oder sie sagt zu, in der Hoffnung, daß in Kürze ein Geselle sich, von sich aus meldet oder gar zur Firma zurückkehrt. Wurde nun der Auftrag angenommen und es kommt erst nach einiger Zeit ein Geselle zum Kunden, kann zweierlei passiert sein: Entweder ist der Wasserrohrbruch von einer anderen Firma schon behoben worden, oder der Wasserrohrbruch hat sich mittlerweile zur einer mittelgroßen Katastrophe ausgeweitet. In beiden Fällen ist die Firma den Kunden mit Sicherheit los.

Dieses Beispiel ist natürlich sehr überspitzt dargestellt. Es sollte nur einmal zeigen, wohin fehlende Kommunikation führen kann.

Für das gerade beschriebene Beispiel gibt es natürlich verschiedene Abhilfemöglichkeiten mit dem Cityrufdienst. Die Gesellen können mit Nurton-Empfänger ausgestattet werden. Im Bedarfsfall wird nun ein Geselle angepiepst. Der weiß nun, daß er sich im Büro melden soll. Nachdem er ein Telefon gefunden hat, kann er sich vom Büro seine Instruktionen holen. Bei dieser Möglichkeit muß aber mit einem zum Teil sehr großen Zeitverlust zwischen dem Aussenden des Funkrufes und dem Anruf des Gesellen gerechnet werden. Zeit ist Geld. Allein schon aus diesem Grund ist es bestimmt vorteilhafter, die Gesellen mit Alphanumerik-Empfängern auszustatten. Dann ist der Innendienst der Firma sofort in der Lage, einem Gesellen auf dem Display mitzuteilen:

WASSERROHRBRUCH BEI HERRN MEIER, HAUPTSTR. 22. SOFORT HINFAHREN UND BEHEBEN!

Der Geselle kann direkt losfahren. Er braucht keine Telefonzelle zu suchen, da kein Rückruf erforderlich ist. Der Kunde wird mit Sicherheit vom schnellen Service begeistert sein.

Beispiel 2: Elektro-Handwerk

Gerade Rundfunk- und Fernsehtechniker sind in Zeiten von Welt- und Europameisterschaften im Fußball, von olympischen Sommer- und Winterspielen und bei anderen Großveranstaltungen, die im Fernsehen übertragen werden, stark in Anspruch genommen. Da wiegt ein Ausfall des Fernsehers natürlich doppelt so schwer. Außerdem darf sich die Reparatur nicht über einen längeren Zeitraum hinziehen, sondern sollte sofort an Ort und Stelle behoben werden. Deshalb wird der Kundendienst mit Cityruf-Alphanumerik-Empfänger ausgestattet. Der Kundendienstler kann sofort von einem Kunden zum nächsten fahren, ohne vorher in der Firma anrufen zu müssen. Aber das alleine genügt noch nicht, um den Kunden bei einer Störung zufrieden zu stellen. Da in der Regel bei Fernsehmodellen verschiedener Herstellerfirmen oft dieselben Fehler auftauchen, kann der Kundendienstler einen gewissen Ersatzteilpool in seinem Fahrzeug bevorraten. Mit dem Cityruf-Empfänger kann die Firma den Kundendienstler sofort zu eiligen Reparaturfällen hindirigieren und dieser aufgrund der Ersatzteilbevorratung bestimmte Störungen sofort beheben. Das fördert natürlich das Image und Ansehen einer Firma.

In dieser Branche ist es zwar nicht üblich, daß es einen Notdienst nach Feierabend und an Wochenenden gibt. Aber gerade für medienwirksame Großveranstaltungen, die sich über einen längeren Zeitraum hinziehen, kann ein im Bedarfsfall eingerichteter Notdienst lukrativ sein. Auch das läßt sich bequem mit Cityruf lösen. Ein Alphanumerik-Empfänger kann neben der Alphanumerik-Nummer noch über bis zu zwei Nurton-Nummern verfügen. Für den Notdienst würde nämlich eine Nurton-Nummer vollkommen genü-

Abb. 58: Ein Kundendienstler wird direkt zu einem anderen Kunden gerufen. Natürlich über Cityruf. (Quelle R.v.Decker's Verlag)

gen. Nach Feierabend wird einfach an den Firmen-Telefonanschluß ein Anrufbeantworter mit Fernabfrage und automatischem Wählgerät angeschlossen. Meldet sich nun ein Kunde, kann er auf dem Anrufbeantworter sein Anliegen hinterlassen. Sobald der Kunde das Gespräch beendet, aktiviert das automatische Wählgerät den Cityruf-Empfänger des Kundendienstlers, der Bereitschaftsdienst hat. Der wiederum kann den Anrufbeantworter fernabfragen, um unmittelbar danach den Kunden aufzusuchen. Wenn ein solcher Service beispielsweise vor olympischen Spielen mittels Werbung bekannt gemacht wird, beschert er dieser Firma mit großer Wahrscheinlichkeit einen neuen Kundenstamm.

In der Praxis zeigt es sich, daß Leute nur sporadisch auf einen Anrufbeantworter sprechen, wenn sie unvermutet mit einem konfrontiert werden. Der Prozentsatz wird schon bedeutend größer, wenn der Kunde vorher weiß, daß sich ein Anrufbeantworter melden wird. Deshalb ist die Kombination Anrufbeantworter und Cityruf in Fällen, wo es um zeitkritische Belange oder gar um »Leben und Tod« geht, nicht zu empfehlen (z. B.: Bestattungsunternehmen, soziale Notdienste etc.).

Beispiel 3: Kfz-Handwerk

Eine weitere Anwendung findet Cityruf im Kfz-Handwerk. Große Werkstätten haben einen Durchsatz an Inspektionen und Reparaturen. Häufig kommt es vor, daß während der Arbeiten an einem Fahrzeug noch weitere Mängel festgestellt werden als bei der ersten Untersuchung.

Der Kunde muß informiert werden. In der Regel hinterlassen die Kunden ihre Telefonnummer. Trotzdem können viele nicht erreicht werden.

Das Fahrzeug blockiert zwischenzeitlich eine Hebebühne und somit auch einen Kfz-Schlosser. Entweder nimmt die Werkstatt es in Kauf, daß über einen längeren Zeitraum Arbeitsmittel brachliegen, oder das Fahrzeug muß wieder so zusammengesetzt werden, daß es wieder von der Hebebühne heruntergenommen werden kann. Das bedeutet doppelte Arbeit.

Deshalb gibt die Werkstatt guten Kunden einen Cityruf-Nurton-Empfänger mit. Sobald außergewöhnliche Repararuren am Fahrzeug anfallen, wird der Kunde umgehend »angepiepst«. Die Werkstatt braucht sich nicht die Finger wund zu wählen und der Kunde wird direkt die Werkstatt zurückrufen, da er wissen will, was an seinem Fahrzeug noch zu machen ist.

Darüber hinaus gibt es in einer Kfz-Werkstatt auch noch interne Anwendungsfälle. Als Beispiele sei hier nur die Erreichbarkeit während einer Probefahrt oder bei Aufenthalt auf dem Straßenverkehrsamt genannt.

Bei einer konsequenten Nutzung von Cityruf sind viele Handwerksfirmen in der Lage, ihr Personal viel effektiver einzusetzen. Das wird auch von den oben angeführten Beispielen belegt.

Das Personal kann sich aber auch selbst besser einsetzen. Wie ist das gemeint? Wenn auf einer Baustelle statt einem Handwerker für eine kurzen Zeitraum zwei benötigt werden, fahren in den meisten Fällen direkt zwei Handwerker zur Baustelle; beispielsweise für das Anbringen großer Waschtische. Da vorher noch diverse Vorarbeiten geleistet werden müssen, für die nur ein Handwerker benötigt wird, ist der zweite Handwerker für diese Zeit überflüssig. Auch so ein Problem läßt sich mit Cityruf lösen. Wenn der eine Handwerker mit den Vorarbeiten fertig ist, piepst er seinen Kollegen an. Dieser wechselt kurzzeitig die Baustelle, hilft die Waschtische aufzuhängen und fährt wieder zu seiner eigentlichen Baustelle zurück.

Im Bereich des Handwerks könnten noch eine ganze Reihe von Beispielen aufgezählt werden. Die wenigen Beispiele, die hier beschrieben worden sind, sollen nur einen Einblick in die Anwendungsvielfalt von Cityruf vermitteln. Bei den Anwendungen sind der Phantasie keine Grenzen gesetzt. Auch sollen die Beispiele zeigen, daß sich selbst bei kleinen Handwerksbetrieben der Einsatz von Cityruf lohnt. Das effektivere Einsetzen von Personal, die mögliche Neugewinnung von Kunden/Kundenschichten sind nur einige Vorteile von Cityruf. Cityruf richtig eingesetzt, kann einer Firma sogar Wettbewerbsvorteile verschaffen (s. Beispiel Radio-und Fernsehtechniker).

Selbstverständlich muß sich der Einsatz unter dem Strich für jede einzelne Firma rechnen. Denn reine Anschaffungs- und Unterhaltskosten für Cityruf sollten auch die zusätzlichen Aufträge und der Imagegewinn der Firma gegenübergestellt werden. Zusammenfassend läßt sich sagen, daß der Einsatz von Cityruf für viele Handwerksbetriebe eine interessante Investition darstellt, über die sich nachzudenken lohnt.

3.4 Weitere praktische Beispiele

Da die Bereiche, in denen Cityruf eingesetzt werden kann, so unterschiedlich sind, sollen in diesem Punkt auch verschiedenartige Anwendungen dargestellt werden.

Beispiel 1: Das Baugewerbe:

Einen großen Anwendungsbereich von Cityruf stellt das Baugewerbe dar. Gerade bei Neubauten ist es für die einzelnen Baufirmen unwahrscheinlich schwierig, Kontakt zu ihren Bauarbeitern aufzunehmen. Auch auf Großbaustellen, wo mehrere sogenannter Bauanschlüsse existieren, ist es noch problematisch, genau denjenigen zu bekommen, den man zu sprechen wünscht. Hier macht sich mit Sicherheit die Anschaffung eines Cityruf-Alphanumerik-Empfängers bezahlt. Das sehen mittlerweile auch viele Baufirmen so und rüsten ihre Kolonnenführer, Poliere, Vorarbeiter etc. mit diesen Cityruf-Geräten aus.

Abb. 59: Ein Polier erhält gerade neue Informationen über Cityruf. (Quelle R.v.Dekker's Verlag)

Bei der Aussendung der Funkrufe greifen viele Firmen auf irgendeine PC-Lösung zurück, da sich heutzutage fast in jedem Büro ein Rechner befindet. Der Einsatz eines alphanumerischen Cityruf-Empfängers beseitigt natürlich nicht alle Kommunikationsprobleme, die beim Baugewerbe auftreten können. Doch er stellt eine Lösung dar, die sicherlich eine bedeutende Verbesserung diesbezüglich bringt. Aber nicht alleine Maurer, Poliere und Fliesenleger nutzen den Cityruf, sondern der Einsatz ist weitgestreut (z. B. Elektriker, Maler, Bauschreiner, Zimmerleute, Dachdecker, Verputzer und viele mehr).

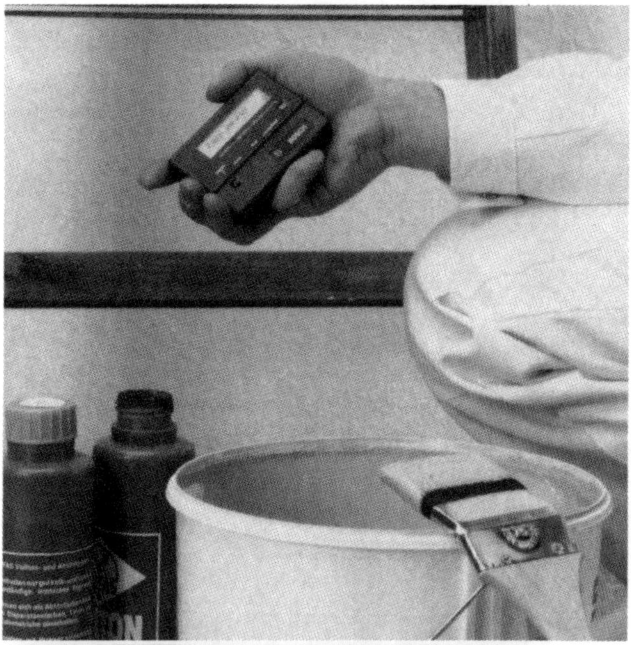

Abb. 60: Ein Anstreicher erhält gerade über Cityruf seine neue Baustelle mitgeteilt. (Quelle R.v.Decker's Verlag)

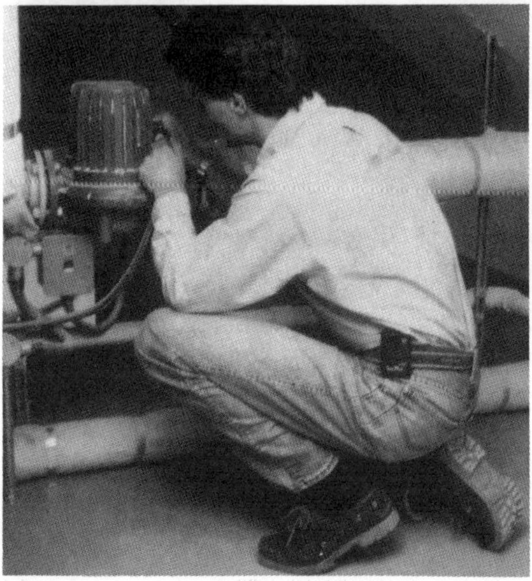

Abb. 61: Der Rohrreinigungsdienst ist jederzeit erreichbar. (Quelle R.v.Decker's Verlag)

Diese Aufzählung soll verdeutlichen, wer überhaupt schon in diesem Bereich Cityruf nutzt. Und die Anwendungen werden von Tag zu Tag mehr.

Beispiel 2: Transportgewerbe

Kleine Speditionen und Transportunternehmen, die ausschließlich in einem recht kleinen, regionalen Raum tätig sind, scheuen in der Regel die Anschaffung von Autotelefonen. Für den Einsatz von Betriebsfunk ist der Aktionsradius dieser Unternehmen wiederum zu groß.

Um unnötige Leerfahrten vermeiden zu können, ist es wichtig, mit den einzelnen Fahrern im Bedarfsfall zu kommunizieren. Der Weg von der Spedition S zur Firma A beträgt 30 km. Die Firma B hat ihren Sitz nur 5 km von der Firma A entfernt. Ein Fahrer beliefert die Firma A. Während der Fahrer auf dem Weg zur Firma A ist, ruft die Firma B in der Spedition S an und erteilt einen Transportauftrag.

Die Spedition S könnte nun in der Firma A anrufen und dort Bescheid sagen, daß der Fahrer zurückrufen oder direkt zur Firma B fahren soll. In Ausnahmefällen läßt sich das mit Sicherheit so bewerkstelligen. Wenn so etwas öfter vorkommt, werden die einzelnen Auftragsfirmen das wohl eher als »nervig« empfinden. Wenn der Fahrer mit einem Alphanumerik-Empfänger ausgestattet ist, kann man ihn direkt zur Firma B hinleiten.

Abb. 62: Einsatz im Transportgewerbe (Quelle R.v.Dekker's Verlag)

Mit einer einzigen Einsparung einer Leerfahrt im Monat hat sich der Cityruf-Empfänger schon bezahlt gemacht.

Beispiel 3: Rohrreinigungsdienst

Wem die Toilette schon einmal übergelaufen ist und wer danach Stunden hat warten müssen, bis endlich Hilfe eintraf, kann ermessen, wie wichtig es für die Betroffenen ist, wenn sie schnell zur Stelle sind.

Die Rede ist vom Rohrreinigungsdienst. Wenn ein Kunde dort anruft, ist er in der Regel sehr verlegen darum, daß in allernächster Zeit ein Mann vom Rohrreinigungsdienst erscheint.

Da lange Stehzeiten der Fahrzeuge in keiner Weise von der Firma toleriert werden können, dürfte normalerweise sich kein Fahrzeug mehr in der Firma befinden. Die Ausrüstung der Fahrer mit einem alphanumerischen Cityruf-Empfänger bringt sowohl für die Firma als auch für den Kunden entscheidende Vorteile.

Die Firma kann einem Fahrer, der einen weniger dringenden Einsatz hat, im Klartext mitteilen, wenn er zu einem ganz dringenden Einsatz fahren soll.

Vorteil 1: Die Firma kann so unter anderem auch Leerfahrten vermeiden.

Vorteil 2: Der Kunde kann prompt bedient werden, was durch Mundpropaganda das Image der Firma fördert.

Beispiel 4: Garten-und Landschaftsbau

In den letzten 20 Jahren hat sich das Umweltbewußtsein der Deutschen stark geändert. In vielen Fällen heißt es wieder zurück zur Natur. Viele Städte tragen dieser Forderung Rechnung und sind stolz auf ihre Parkanlagen und anderen Grünzonen. Auch viele Hausbesitzer legen großen Wert auf Grünzonen rund um ihr Haus. Das beschert dem Garten- und Landschaftsbau viele Auftraggeber. Große Landschaftsgärtnereien betreuen eine Vielzahl von Kunden. Um im Bedarfsfall einen Mitarbeiter von einem Kunden zum anderen Kunden hindirigieren zu können, behelfen sich einige Firmen dieser Branche mit alphanumerischen Cityruf-Empfängern. Der Mitarbeiter könnte beispielsweise in seinem Display die Meldung vorfinden:

BEI HERRN MÜLLER, GARTENSTR. 1 NOCH EINIGE STRÄUCHER UMPFLANZEN

Des weiteren lassen sich auch Fahrer, die Blumen, Sträucher, Bäume etc. aus Gärtnereien holen, im Bedarfsfall »anpiepsen«.

Beispiel 5: Hausmeister

In Firmen, die über ein großes Grundstück mit mehreren Gebäuden verfügen, gibt es in der Regel ein »Mädchen für alles«. Gemeint ist der Hausmeister, der normalerweise sehr gefragt ist. Sei es, daß die Heizung in einem Gebäude ausgefallen ist, daß irgendwo eine Lampe ihren Dienst versagt, daß jemand seinen Zimmerschlüssel verloren hat, Ansprechpartner ist in den meisten Fällen der Hausmeister.

Aber wie das Leben so spielt, ist dieser immer dann nicht auffindbar, wenn er gerade am dringendsten gesucht wird. Abhilfe schafft auch hier der Cityrufdienst. Dabei gibt es zwei Einsatzvarianten:

Variante 1: Der Hausmeister ist mit einem Nurton-Empfänger ausgerüstet. Wenn der Cityruf-Empfänger aktiviert worden ist, meldet sich der Hausmeister an einer zentralen Stelle (z. B. bei der Auskunft). Dort erhält er die Mitteilung, wo es momentan »brennt«.

Variante 2: Der Hausmeister ist mit einem alphanumerischen Empfänger ausgerüstet. Derjenige, der den Hausmeister dringend benötigt, sagt einer zentralen Stelle (z. B. auch hier die Auskunft oder Vermittlung), um was es sich handelt. Diese zentrale Stelle benachrichtigt den Hausmeister über den Funkruf-Empfänger und teilt ihm im Klartext mit:

LEUCHSTOFFLAMPE IN GEBÄUDE 2 RAUM 123 DEFEKT

Große Firmen beschäftigen selbstverständlich nicht nur einen Mann für die Haustechnik. In der Regel existiert in diesen Firmen eine ganze Haustechnik-Abteilung. Mit Cityruf besteht aber auch die Möglichkeit, die einzelnen Personen mit Cityruf-Empfängern auszustatten und so zu steuern. Aber Hausmeister gibt es ja nicht nur in Firmen, sondern auch in Schulen, anderen öffentlichen Gebäuden und bei großen Hausverwaltungen, um nur einige Beispiele aufzuzählen.

3.5 Wie man mit Cityruf Einbrecher fängt

Heutzutage wollen immer mehr private Haushalte ihr Eigentum, hauptsächlich ihre Häuser, absichern. Das geht natürlich am besten mit einer Alarmanlage. Da gibt es Alarmanlagen, die viel Lärm veranstalten, um so den Einbrecher zu vertreiben. Doch immer häufiger läßt so etwas professionelle Einbrecher ziemlich kalt, da vorher das Terrain ausgekundschaftet worden ist. Der Einbrecher weiß beispielsweise, daß die Familie in Urlaub oder im Theater ist. Andere Alarmanlagen sind in irgendeiner Art und Weise an einen Wachdienst angebunden. Doch diese sehr sichere Art der Überwachung ist eine reine Kostenfrage.

Für den normalen Alltag stellt die Kombination einer kleinen Telefonanlage mit Cityruf eine Alternative dar. Da bereits kleine Telefonanlagen auf dem Markt sind, die über die Möglichkeit des Fernwirkens verfügen, gibt es auch technisch keine Probleme.

Unter Fernwirken versteht man, daß z. B. über einen Sensor ein Relais aktiviert wird, daß seinerseits irgendetwas schalten oder steuern kann.

Es werden ganz einfach Türen und Fenster mit Sensoren gesichert. Sobald unbefugterweise eine Tür oder ein Fenster geöffnet wird, aktiviert die Fernwirkeinrichtung selbsttätig ein Telefon. Es wird eine im Telefon abgespeicherte Cityrufnummer abgerufen und somit der Cityruf-Empfänger aktiviert. Befindet sich die Familie außer Haus, wird sie somit unterwegs davon in Kenntnis gesetzt, daß gerade eingebrochen wird. Sie kann sofort die Polizei informieren. Bei komfortableren Anlagen besteht auch noch die Möglichkeit, ein sogenanntes Babytelefon zu betreiben. Dahinter verbirgt sich nichts anderes als ein Telefon mit eingebautem Mikrofon.

Dieses Mikrofon erlaubt es dem Anrufer, das Zimmer, in dem sich das Babytelefon befindet, abzuhören. Selbstverständlich kann dieses Babytelefon auch von einer Telefonzelle, in Verbindung mit einem Handsender, aktiviert und abgehört werden.

Wenn bei so einem Fall ein Cityruf-Empfänger »los geht«, kann der Hausherr erst einmal von der Telefonzelle aus zu Hause anrufen und sein Haus abhören.

Wenn das Babytelefon angerufen wird, klingelt es in der Regel nicht, weil ja sonst das Baby geweckt werden würde. Lediglich das Display des Babytelefons kann eine solche Aktion verraten. So kann sicher festgestellt werden, ob der unliebsame Besuch sich noch im Haus aufhält. Das anschließende Informieren der Polizei versteht sich dann von selbst.

Auch gibt es die Möglichkeit einer De-Luxe-Lösung mit einem alphanumerischen Cityruf-Empfänger. Der betriebene Aufwand ist dabei natürlich ein wenig größer. Es wird nämlich ein PC benötigt, der an die Telefonanlage über ein Wählmodem angeschlossen ist. Die Sensoren werden hierbei wieder mittels Fernwirken aktiviert. Der PC verarbeitet jedes Aktivieren eines Sensors. Hinter jedem Sensor verbirgt sich ein vorher eingespeicherter Text. Bei einem Einbruch bekommt der Hausherr dann im Klartext mitgeteilt, wie sich der Einbrecher seinen Weg in die Wohnung verschafft hat, z. B.:

TERRASSENTÜR OFFEN.

Der Hausherr kann der Polizei detaillierte Mitteilung machen. Auch für die Sicherung eines Fahrzeuges mit Autotelefon, Wählmodem, Laptop und Cityruf läßt sich eine adäquate Lösung vorstellen, die so aussehen kann:

Die Fenster und Türen eines Fahrzeugs sind mit Sensoren gesichert. Bei einem Einbruch aktiviert ein Sensor das Autotelefon und mit dem Wählmodem wird die Verbindung zum Cityruf-Netz hergestellt. Ein abgespeicherter Text im Laptop informiert den Cityruf-Träger über den Einbruch in sein Fahrzeug

Natürlich muß so ein Aufwand in einem vernünftigen Verhältnis zur zu sichernden Sache stehen und es muß die Frage nach der Praktikabilität gestellt werden.

Hier soll nur ein kleiner Einblick in die derzeit schon realisierbaren technischen Möglichkeiten gegeben werden. Außerdem soll aufgezeigt werden, was sich eventuell in Zukunft realisieren lassen könnte (Fahrzeugsicherung).

3.6 Mit Cityruf der Konkurrenz eine Länge voraus

In einigen Branchen ist es immens wichtig, sehr früh über bestimmte Begebenheiten und Ereignisse Bescheid zu wissen und zwar früher als andere in der Branche. Das trifft beispielsweise auf Journalisten, Zeitungsreporter und Zeitungsfotografen in größeren Maßen zu.

Gerade wenn sich kurz vor Redaktionsschluß noch im lokalen Bereich ein Begebenheit ereignet, die unbedingt in die Tagesausgabe für den nächsten Tag mit aufgenommen werden soll. Wenn beispielsweise ein Kapitalverbrechen begangen worden ist, sind normalerweise die Redaktionen der Lokalpresse sehr gut und vor allen Dingen früh informiert. Das Problem besteht dann meist darin, daß alle Reporter entweder Feierabend gemacht haben oder mit einer anderen Reportage beschäftigt sind. Es stellt sich die große Frage, wie bekomme ich am schnellsten einen Reporter und an einen Zeitungsfotografen, die dann sofort zum Tatort eilen können.

Cityruf bietet auch in dieser Branche sehr gute Dienste und erfreut sich hier immer größerer Beliebtheit. Die Redaktion schickt eine Meldung im Klartext an einen Reporter und einen Zeitungsfotografen die dann sofort zum Tatort eilen können. In einigen Fällen ist diese Zeitungredaktion dann in der Lage, noch einen Bericht über dieses Kapitalverbrechen in die nächste Ausgabe zu bringen.

Dieses Beispiel mag vielleicht an den Haaren herbeigezogen sein, aber Tatsache ist, daß gerade an Wochenenden Reporter und Fotografen gezielt bei irgendwelchen Ereignissen eingesetzt werden können.

3.7 Gebäudetechniküberwachung mit Cityruf

Eine Möglichkeit der Gebäudeüberwachung wurde bereits im Kapitel »Wie man Cityruf Einbrecher fängt« beschrieben. Dabei ging es jedoch nur um unbefugtes Betreten von Gebäuden. Dieses Kapitel soll hauptsächlich von den bei der Überwachung in Gebäuden eingesetzten Techniken handeln. Dazu zählen die Überwachung der Gebäudeleittechnik (Klima/Kälteanlagen, Aufzüge etc.) genauso wie die Überwachung von Produktionsstätten (»unbemannte« Fließbänder oder andere automatisierte Produktionsvorgänge).

Betrachten wir zunächst eine sehr simple Gebäudetechniküberwachung mittels Sensoren, automatischem Wählgerät, Computer und Cityruf. Normalerweise ist während der Regelarbeitszeit eine umgehende Beseitigung von Störungen durch die Haustechnikabteilung der Firmen gesichert. Wenden wir uns daher den Störungen außerhalb der Regelarbeitszeit zu.

Alle Störungen laufen in diesem Fall zentral an einer Stelle auf, beispielsweise auf einen Computer. Der Computer ist mit einem Wählmodem über die Nebenstellenanlage an das öffentliche Telefonnetz angebunden. Fällt nun ein Personenaufzug aus, wird der Sensor aktiviert. Der wiederum gibt die Störung an die zentrale Störungsannahme (Computer) weiter. Der Computer seinerseits aktiviert das automatische Wählgerät. Das wählt solange einen Cityruf-Empfänger an, bis diese Anwahl zum Erfolg führt. Der Cityruf-Empfänger wird von einem Service-Techniker des Bereitschaftsdienstes abgefragt. Sobald eine Nachricht eintrifft, wird der Techniker aktiv. Im einfachsten Fall handelt es sich dabei um eine Nurton-Signalisierung.

Wenn ein Computer in dieses System eingebunden wird, ist es natürlich sehr sinnvoll, die einzelnen Alarme auch als alphanumerische Nachricht zu übertragen. Das bedeutet, daß jeder mögliche Alarm, der über einen Sensor aktiviert werden kann, auch im Computer mit einer kurzen, aber möglichst genauen Fehlerbeschreibung abgespeichert sein muß. Dann würde der Service-Techniker beispielsweise folgende Nachricht erhalten:

»AUFZUG NUMMER 5 DEFEKT.«

Somit erhält der Service-Techniker sofort einen Überblick, ob es sich um eine Störung handelt, die umgehend beseitigt werden muß, oder um eine Störung, deren Beseitigung bis nach dem Wochenende Zeit hat. Das spart einer Firma mit Sicherheit Kosten für den Einsatz des Bereitschaftsdienstes.

Dieses Verfahren kann natürlich auch auf andere Bereiche, beispielsweise Fehlermeldungen von Rechenzentralen, übertragen werden. Wer garantiert aber, daß die Störungmeldungen auch beim Service-Techniker auf dem Display seines Funkruf-Empfängers erscheinen? Die Sicherheit, daß ein ausgesendeter Funkruf ankommt, beträgt über 99 %. Aber nur dann, wenn das Gerät eingeschaltet ist und sich innerhalb der angewählten Rufzone befindet. Es gibt aber auch im praktischen Betrieb einige Fehlerquellen, z. B. wenn sich der Service-Techniker unbewußt außerhalb der Rufzone befindet. Das Modem findet dann keinen »Träger«, um eine Verbindung zum öffentlichen Telefonnetz herzustellen, der Cityrufzugang ist besetzt, der Cityruf-Empfänger ist versehentlich ausgeschaltet worden, etc.

Abhilfe kann hier ein System bringen, wo der Service-Techniker den Erhalt einer Nachricht quittieren muß. Wird die Nachricht nach einer festgelegten Zeit nicht quittiert, wird dieselbe Nachricht auf eine höhere Hierachie-Ebene übertragen. Eine höhere Hierachie-Ebene kann beispielsweise eine übergeordnete Einsatzzentrale sein. Diese Einsatzzentrale kann dann, falls erforderlich, einen anderen Service-Techniker zur Beseitigung des Fehlers vor Ort schicken. Diese Vorgehensweise bietet eine größtmögliche Sicherheit. Daß alle Cityruf-Empfänger aller Hierachie-Ebenen gleichzeitig ausfallen, dürfte sehr unwahrscheinlich sein.

Hier soll nun ein System vorgestellt werden, daß konsequent die Dienste der TELEKOM nutzt und eine fast 100%-ige Sicherheit bietet: das Telecontrolling.

Telecontrolling ist einfach ausgedrückt das Überwachen von Betriebszuständen und Service-relevanter Daten. Zur näheren Erläuterung betrachten wir ein komplexes Beispiel aus der Gebäudeleittechnik:

Die Firma X hat sich auf Gebäudeleittechnik spezialisiert. Um genauer zu sein, auf das Überwachen von Gebäudeleittechnik. Zu diesem Zweck verfügt die Firma X über eine Anlagenfernüberwachungszentrale (AFÜ). An dieser AFÜ sind die Gebäudeleittechniken von zwanzig verschiedenen Unternehmen angeschlossen. Die Gebäudeleittechnik umfaßt insbesondere Heizungsanlagen, Klima- und Kälteanlagen, Personen- und Lastenaufzüge.

Das bedeutet, daß bei unterschiedlichen Störfällen unterschiedliche Service-Techniker informiert werden müssen. In einem Störungsfall muß aber nicht nur der zuständige Service-Techniker informiert werden, sondern auch die Geschäftsstelle des Unternehmens will darüber in Kenntnis gesetzt werden. Ebenfalls sollen die Liefer-/Herstellerfirmen der betroffenen Anlagen über deren Ausfall informiert werden. Aus der Anzahl von Störungsfällen, die in bestimmten Intervallen eventuell auftreten, können somit Rückschlüsse gezogen werden, die zu technischen Verbesserungen der Anlagen führen.

Störungsfälle während der Regelarbeitszeit sollen vor Ort von der jeweiligen unternehmenseigenen Haustechnik quittiert werden. Die Beseitigung der Störung wird von der Haustechnik in eigener Regie veranlaßt. Die Störungsmeldungen laufen aber auch auf die AFÜ der Firma X auf. Falls der Alarm nicht vor Ort quittiert wird, informiert die Firma X das betroffene Unternehmen von der Störung. Die Beseitigung der Störung wird dann wieder von der Haustechnik in Eigenregie erledigt.

Außerhalb der Regelarbeitszeit, an Feiertagen und an Wochenenden gestaltet sich das Ganze ein wenig anders. Zum richtigen Verständnis muß noch erwähnt werden, daß die AFÜ der Firma X außerhalb der Regelarbeitszeit ebenfalls »unbemannt« ist.

Innerhalb der Unternehmen existieren kleine Zentralen (Computer), auf die die Störungen auflaufen. Von dort werden die Störungsalarme zur AFÜ übertragen. In der Zentrale wird der Alarm erfaßt und aufbereitet. Das System informiert zunächst den zuständigen Service-Techniker, in welchem Gebäude, also Unternehmen ein Alarm ausgelöst worden ist. Diese Meldung läuft auf den alphanumerischen Cityruf-Empfänger des Service-Technikers auf. Dieser muß wiederum den Funkruf quittieren, indem er sich mit einem Laptop in die AFÜ einloggt. Falls der Service-Techniker innerhalb einer vorher festeingegeben Zeit den Funkruf nicht quittiert, wird der Funkruf ein weiteres Mal abgesetzt. Wie häufig der Service-Techniker nicht quittieren muß, bis es zu einem sogenannten Chefruf kommt, bleibt den Sicherheitsbestimmungen der Unternehmen bzw. der Firma X überlassen.

Chefruf heißt eigentlich nichts anderes, als daß der Service-Techniker nicht mehr gerufen wird, sondern beispielsweise ein Einsatzleiter. Also einer, der in der Hierachie eine Stufe höher steht. Somit ist eine nahezu 100%-ige Sicherheit gegeben, daß sich überhaupt jemand der Störung annimmt.

Kurz vor Beginn der Regelarbeitszeit geht automatisch ein Telefax an die Geschäftsstellen des durch eine Störung betroffenen Unternehmens. In diesem

Telefax sind die Anzahl und Art der Störungen aufgeführt. Die Liefer-/Herstellerfirmen erhalten ebenfalls ein Telefax, in dem aufgeführt ist, welche gelieferte Anlage in welchem Unternehmen ausgefallen bzw. teilgestört war.

Kommen wir zurück zu dem Zeitpunkt, in dem der Service-Techniker den Funkruf quittiert. Der Service-Techniker loggt sich über ein Modem mit seinem Laptop in die Überwachungszentrale ein. Dort erfährt er über ein Softwareprogramm, welche Anlage gestört ist. Er kann dann die Entscheidung treffen, ob es sich um eine Störung handelt, die sofort beseitigt oder erst am nächsten Arbeitstag behoben werden muß.

Ist der Service-Techniker vor Ort und treten dann bei der Beseitigung des Fehlers noch Schwierigkeiten auf, so kann er sich nochmals von dort in die Überwachungszentrale einloggen. Jetzt besitzt er die Möglichkeit, ebenfalls über ein spezielles Softwareprogramm, sich direkt Daten der Anlage überspielen zu lassen (evtl. sogar Explosionszeichnungen).

Es können aber auch noch andere Schwierigkeiten bei der Störungsbeseitigung auftreten: es wird noch ein Service-Techniker aus einem anderen Technikbereich bzw. einer anderen Firma benötigt. Den kann der Service-Techniker, der sich vor Ort aufhält, direkt über dessen alphanumerischen Cityruf-Empfänger herbeiholen.

Das Konzept des TELECONTROLLING-SYSTEMS

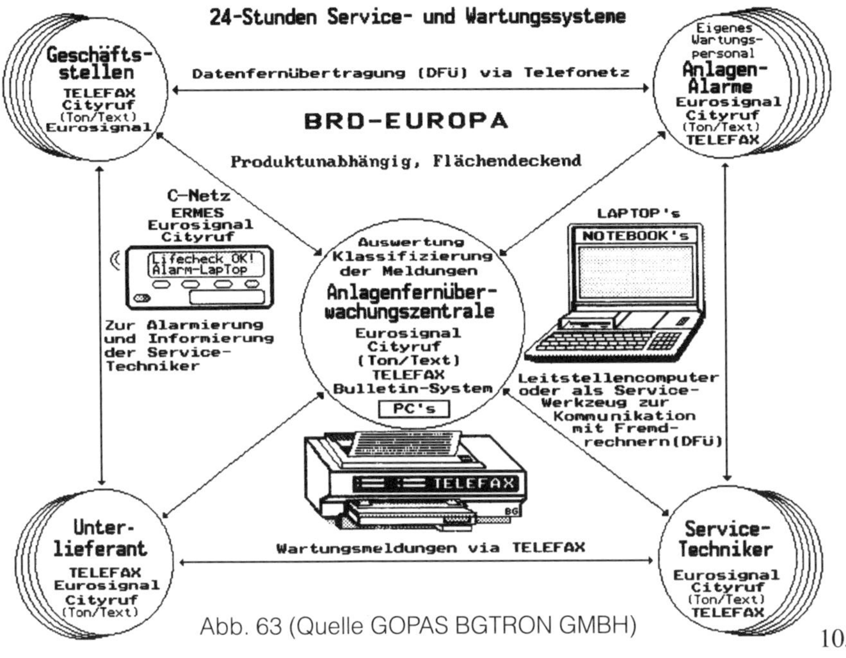

Abb. 63 (Quelle GOPAS BGTRON GMBH)

Das Hardwarekonzept des TELECONTROLLINGSYSTEMS

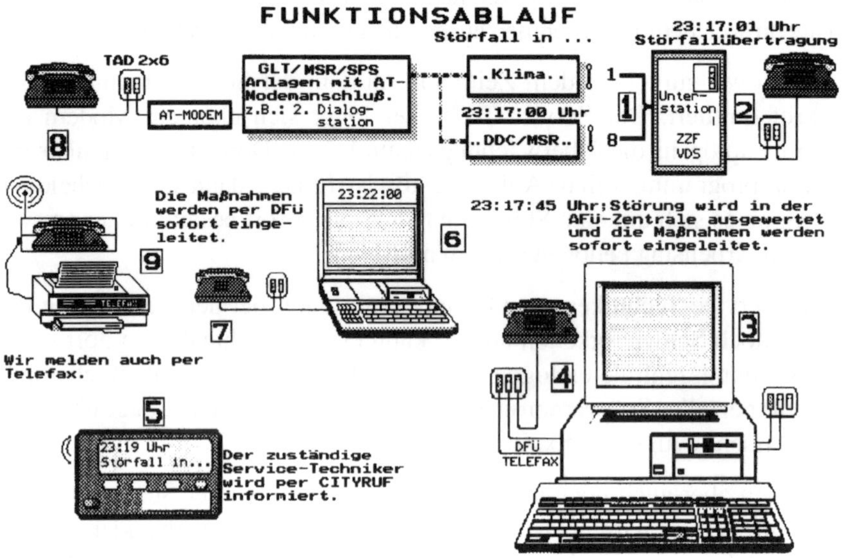

Das Minimum der Störungsdauer resultiert aus direkter Datenübertragung, schneller Ursachenerkennung und umgehender Störungsbeseitigung.

Die Wirkungsweise TELECONTROLLING
(Service-Personal)

Sofortige Alarmierung des Servicepersonals via Eurosignal / Cityruf (Ton / Text) oder TELEFAX.

Sofortige Information über Art und Umfang der einzuleitenden Maßnahmen.

Sofortiger Kontakt durch direkte Datenfernübertragung per Modem / Akustikkoppler mit der betriebstechnischen Dialogstation aus dem Bereich der Gebäudeleittechnik (GLT), Meß-, Steuer-, Regelungstechnik (MSR) und den speicherprogrammierbaren Steuerungen. (SPS)

Abb. 64 (Quelle GOPAS BGTRON GMBH)

Dieses Verfahren trägt dazu bei, auf diesem Sektor die Kosten nicht nur zu minimieren, sondern auch die Effizienz zu optimieren. Die einmaligen Anschaffungskosten für automatische Wählgeräte, PCs, Modems und andere Hardware fallen gegenüber den Einsparungen, die zu erwarten sind, kaum ins Gewicht. Alleine wenn bedacht wird, daß die Unternehmen kein Bereitschaftspersonal mehr benötigen, lassen sich die Vorteile des Telecontrolling-Systems schon erahnen.

Anwendungsmöglichkeiten in der GLT- / MSR- / DDC-Technik

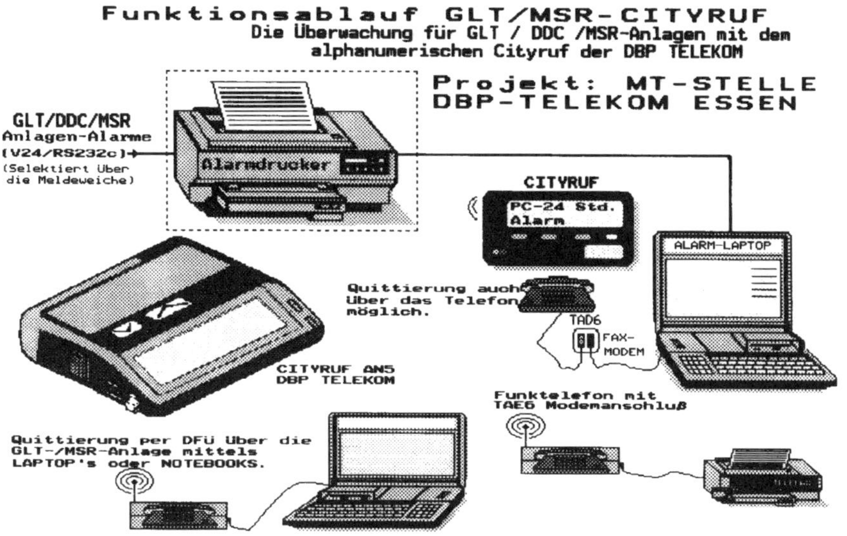

Anwendungsmöglichkeiten in der Installationstechnik

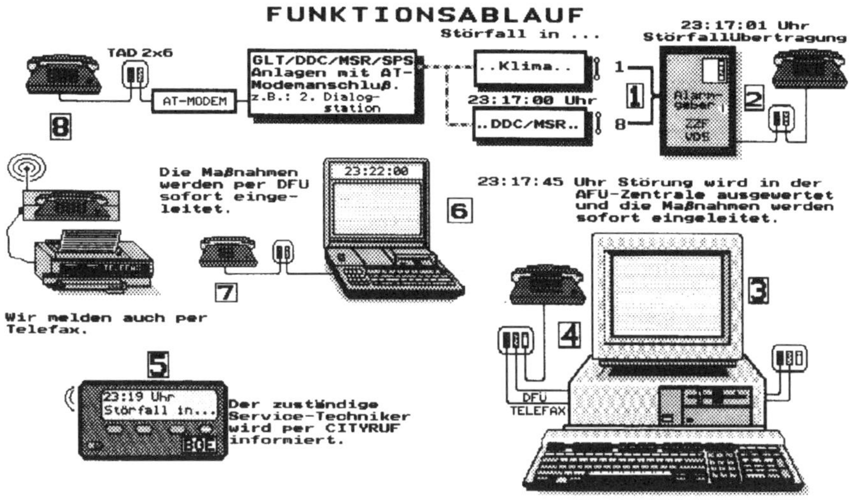

Abb. 65 und 65a (Quelle GOPAS BGTRON GMBH)

So ein System kann natürlich beispielsweise auch als Wartungsmanagement genutzt werden. Es werden hierbei keine Alarme abgesetzt, wenn eine Störung/Teilstörung vorliegt, sondern wenn bei bestimmten Anlagenteilen ein vorher fest definierter Abnutzungsgrad vorliegt (fälliger Ölwechsel, Filterwechsel, zu wenig Fett bei Pumpen). Der Phantasie sind keine Grenzen gesetzt. Das System kann auch zur Energieüberwachung eingesetzt werden. Das heißt, Alarmierung bei Stromausfall, Gasentweichung, Ölmangel, etc.

3.8 Cityruf auch für den privaten Bereich

Zwar wurde mit der Kombination Cityruf und Telefonanlage für die Überwachung eines Gebäudes schon ein Beispiel aus dem privaten Bereich geschildert. Doch es gibt noch eine Reihe von Anwendungen für den Privatmann/frau.

Wenn beispielsweise ein Arzt Bereitschaftsdienst verrichtet, möchte er nicht unbedingt an seine vier Wände gebunden sein. Er möchte auch während seiner Bereitschaft seinen Hobbies nachgehen können. Da viele Hobbies außerhalb des Hauses stattfinden, muß er auch dort erreichbar sein. Mit einem Cityruf-Nurton-Empfänger kann er jederzeit auf dem Tenniscourt, in der Reithalle, beim Golfspielen, beim Angeln oder wo auch immer erreicht werden. In der Regel genügt es, seine Cityrufnummer dem Krankenhauspersonal oder einer Sprechstundenhilfe zu geben. Gerade im Kranken- und Pflegedienst hilft der Cityruf vielen Beschäftigten den Dienst/Freizeit etwas flexibler zu gestalten.

Noch sieht es so aus, daß sich in diesen Bereichen die Beschäftigten ihre Freizeit noch selbst »erkaufen« müssen. Das heißt, sie nutzen den Cityruf als Privatperson.

Weitere Beispiele aus dem oben genannten Bereich wären die Hebamme, die Tag und Nacht erreichbar sein muß, der Notfallarzt, Bereitschaftspersonal in großen Krankenhäusern und Plege-/Altenpflegeheimen.

In vielen Fällen verhilft die gewonnene Freizeit diesen Leuten zu einer höheren Lebensqualität.

Andere Privatpersonen setzen den Cityruf weniger zur Verbesserung ihrer Lebensqualität ein, sondern um für sich effektiver arbeiten zu können. Das sind normalerweise Freischaffende, die nicht an ein bestimmtes Unternehmen gebunden sind.

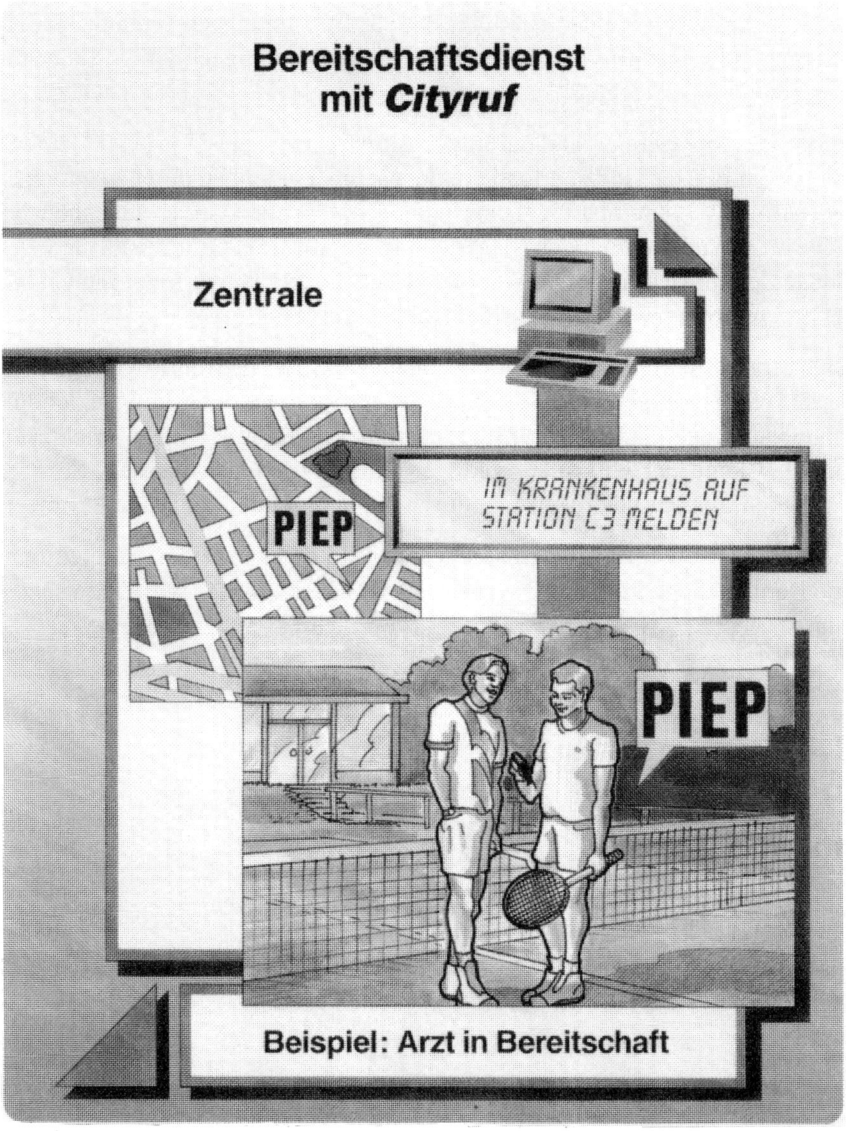

Abb. 66 (Quelle Telekom)

Nehmen wir als Beispiel einen freien Versicherungsvertreter. Er bietet verschiedenartige Versicherungen von verschiedenen Versicherern an. Von diesen bekommt er auch hin und wieder einen Termin zugeschoben, falls der Versicherer nicht eigene Agenten beschäftigt. Wenn eine interessante Kundenadresse bei dem Versicherer hereinkommt, wird er diesen Kunden an den freien Mitarbeiter weitervermitteln, den er am schnellsten erreicht. Da hat derjenige gute Karten, der über einen Cityruf-Empfänger verfügt, da er mit diesem ständig erreichbar ist.

Selbst Kirchenvertreter sind auf den Cityruf gekommen. In großen Gemeinden hat ein Pfarrer viel zu erledigen. Sei es, um Trauungen durchzusprechen, Tauftermine zu vereinbaren, Trauernden Trost zu spenden, Krankenhausbesuche zu verrichten und was sonst noch so anfällt. Das nimmt natürlich eine Menge Zeit in Anspruch. Deshalb rüsten sich die Kirchenvertreter mit Cityruf aus, um in dringenden Fällen erreichbar zu sein.

Auch Strafverteidiger und Rechtanwälte nutzen Cityruf. Wenn zwischen zwei Gerichtsverhandlungen ein juristischer Rat gefragt ist oder die Kanzlei eine eilige Nachfrage hat: mit Cityruf kein Problem. Während einer Gerichtsverhandlung kann der Cityruf-Empfänger stumm geschaltet werden. So wird gegebenenfalls ein Plädoyer nicht durch ungebührende Piepslaute gestört.

Diese Vielzahl von Beispielen soll zeigen, daß es kaum einen Bereich bzw. eine Berufsgruppe gibt, die Cityruf nicht zu ihrem eigenen Vorteil einsetzen kann.

4 Teilnehmertendenzen

4.1 Teilnehmerentwicklungen in den Funkrufdiensten

4.1.1 Teilnehmerentwicklungen bei Eurosignal

Jahr	Anzahl der Teilnehmer	Jahr	Anzahl der Teilnehmer
1974	211	1984	91.685
1975	906	1985	111.012
1976	2.003	1986	130.890
1977	4.045	1987	151.369
1978	8.892	1988	171.922
1979	19.700	1989	191.805
1980	32.524	1990	204.614
1981	42.899	1991	210.281
1982	55.888	1992*)	209.928
1983	72.871		

*) Stand 01.08.92

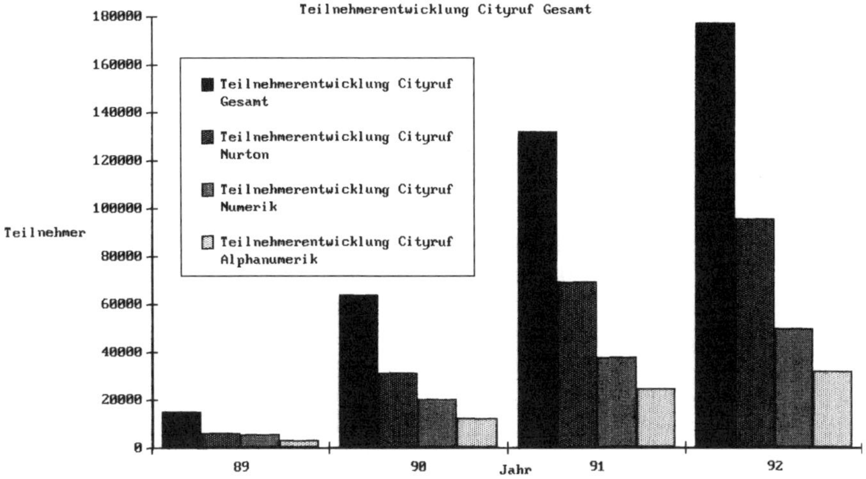

Abb. 67: Graphische Darstellung der Eurosignal-Teilnehmerentwicklung. Der Stand der Teilnehmerzahl von 1992 ist der 01.08.1992. (Quelle Telekom)

4.1.2 Teilnehmerentwicklungen bei Cityruf

Jahr	angemeldete Funkrufempfänger			
	Nurton	Numerik	Alphanumerik	Gesamt
1989	6.447	5.638	3.231	15.316
1990	31.351	20.331	12.328	64.010
1991	69.513	37.810	24.692	132.015
1992*)	95.497	49.847	31.965	177.309

*) Stand 01.08.92

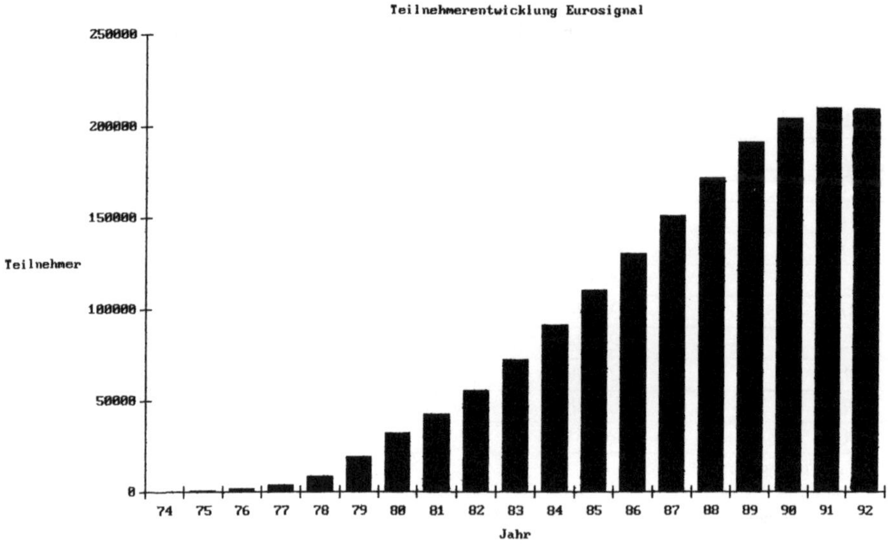

Abb. 68: Graphische Darstellung der Teilnehmerzahlen bei Cityruf. Der Stand der Teilnehmerzahl von 1992 ist der 01.08.92. (Quelle Telekom)

4.1.3 Zukünftige Teilnehmerentwicklungen (Prognose)

Die Teilnehmerentwicklung, gerade im Bereich Cityruf, gestaltet sich für den Netzbetreiber Telekom positiv. Die Teilnehmerzahlen bei Eurosignal sind derzeit am Stagnieren. Es wird zu erwarten sein, daß die Cityruf-Teilnehmerzahlen auch noch in den nächsten Jahren stark steigen werden, im Gegensatz zu den Eurosignal-Teilnehmerzahlen.

Diese Prognose stützt sich auf mehrere Faktoren: Der Eurosignaldienst wird in den neuen Bundesländern nicht mehr aufgebaut. Bei Cityruf wurde schon zum größten Teil die Ausbaustrategie, wie sie für die alten Bundesländern konzipiert wurde, in den den neuen Ländern realisiert. Das bedeutet, daß auch in den neuen Bundesländern alle Ortschaften mehr als 30.000 Einwohnern mit Cityruf versorgt sind. Da gerade dort die Nachfrage nach Telekommunikation aller Art besonders gefragt ist, war es mit Sicherheit eine richtige Entscheidung, den Cityruf-Dienst hier frühzeitig aufzubauen.

Der Erfolg der Funkrufdienste und die damit einhergehenden Teilnehmerzahlen kommen nicht von ungefähr. Gerade die Rufklassen 1 und 2 bei dem Cityruf-Dienst, die mehr als nur eine Nurton-Signalisierung bieten, verzeichnen hohe Zuwachsraten. Daß diese allerdings nicht so hoch sind wie die der Rufklasse 0, hat in der Haupsache zwei Gründe:

Der erste Grund liegt in den monatlichen Grundgebühren, die von vielen potentiellen Anwendern im Vergleich zum Autotelefon für zu hoch erachtet werden. Dabei wird häufig vergessen, daß ein Eurosignalanschluß mit vier Funkrufnummern genau dieselben Kosten verursacht wie ein Cityruf-Funkrufanschluß der Rufklasse 2.

Das zweite Verkaufhindernis ist auf die Eingabemöglichkeiten zurückzuführen. Damit ist nicht gemeint, daß es davon zu wenige gibt, sondern vielmehr die Tatsache, daß nur wenige Anwender über Eingabemöglichkeiten verfügen und die anderen die Anschaffungskosten dafür scheuen.

Das sind aber zum Teil nur vorgeschobene Gründe. Vielmehr sieht es in der Praxis so aus, daß gerade kleine Firmen zum einen den Nutzen nicht so recht ermessen können und zum anderen einer neuen Technik nicht so aufgeschlossen gegenüber stehen, wie es notwendig wäre.

Erst eine neue Art von Eingabemöglichkeiten (Text-Telefon und Handsender) erlaubt es dem Cityruf-Nutzer, sehr einfach und preiswert alphanumerische Nachrichten abzusetzen. Diese neuen Möglichkeiten werden sich auch bestimmt neben dem Btx-Dienst und den Computer-Varianten durchsetzen.

Auch im Zeitalter der digitalen Autotelefonnetze werden Funkrufdienste ihren festen Platz einnehmen. Es gibt kaum einen Dienst, der über eine größere Anwendungsvielfalt verfügt als die Funkrufdienste, auch in Kombination mit anderen Diensten (telebox 400, Sprachspeicherdienste, Mehrwertdiensten in den Autotelefonnetzen etc.).

Damit aber das Interesse an Funkrufdiensten unvermindert stark anhält, muß der Netzbetreiber zusehen, daß diese Dienstleistungen im Hinblick auf fallende Kosten im Autotelefonbereich in einem vernünftigen Verhältnis stehen.

Wenn man die Teilnehmerzahlen beider Funkrufdienste betrachtet, wird man unwillkürlich feststellen, daß der Teilnehmeranstieg in den letzten Jahren ganz enorm war. Es kann festgestellt werden, daß es in der Vergangenheit nicht nur einen Boom im Bereich Autotelefon gegeben hat, sondern auch im Bereich Pager.

In vielen Branchen haben Funkrufdienste Einzug gehalten und sind in vielen Fällen nicht mehr wegzudenken. Wenn man sich vor Augen führt, wie viele Firmen in den einzelnen Branchen überhaupt Funkrufdienste einsetzen, kann man ermessen, wie groß das Potential zukünftiger Anwender noch ist.

Auch in Zeiten digitaler Funktelefonnetze werden Funkrufdienste ihre Daseinsberechtigung haben. Zwar ist damit zu rechnen, daß die Kosten für die Anschaffung und die Unterhaltung von Autotelefonen sich stark nach unten bewegen werden, aber der Funkrufdienst wird in vielen Fällen der praktikablere Dienst bleiben.

Erinnern wir uns an die Anwendungsbeispiele: Selbst bei niedrigen Kosten für ein Autotelefon mutet es etwas seltsam an, wenn beispielsweise Klempner, Gärtner, Pastoren oder Handwerker mit diesen Geräten im Schlepptau ihre Arbeit verrichten. Das soll keine Herabsetzung oder gar Diskriminierung der gerade erwähnten Berufsgruppen sein, sondern nur eine realistische Einschätzung der Situation.

Außerdem muß sich der Netzbetreiber Gedanken über die Kostenstruktur der Funkrufdienste machen. Schon jetzt stellen die Kosten ein gewisses Hemmnis auf dem Eroberungspfad der Funkrufdienste dar. Wenn zukünftig der Unterschied zwischen dem Rolls Royce der Funkrufdienste (die Rufklasse bei Cityruf) und einem Autotelefon in den Unterhaltungskosten noch geringer wird, stellt das natürlich ein enormes Hindernis dar. Im Rahmen einer sogenannten Tarifharmonisierung müssen dann auch für das Paging die Preise fallen.

5 ERMES

5.1 Heißt die Zukunft ERMES?

ERMES steht für European Radio MEssage System. Wie der Name schon sagt, handelt es sich hierbei um ein zukünftiges europäisches Funkrufsystem.

Ähnlich den digitalen neuen Funktelefonnetzen, die von insgesamt 18 europäischen Ländern mit denselben technischen Spezifikationen aufgebaut werden, soll ERMES ein paneuropäischer Funkrufdienst werden. Das bedeutet, daß die nationalen ERMES-Netze kompatibel zueinander sind.

5.2 Was kann ERMES?

Bei ERMES wird es, wie beim Cityruf, drei verschiedene Rufklassen geben.

Adäquat der Rufklasse 0 bei Cityruf wird es auch hier eine reine Nurton-Signalisierung geben, aber mit dem Unterschied, daß bis zu acht Funkrufnummern bei Einzelruf möglich sind. Ebenfalls ist eine Numerik-Signalisierung vorgesehen, die einen in die Lage versetzt, bis zu 20 Ziffern und Sonderzeichen zu empfangen.

Das »Schlachtschiff« soll bei ERMES, genauso wie beim Cityruf, eine alphanumerische Signalisierung werden. Dabei ist geplant, pro Nachricht bis zu 400 Zeichen übertragen zu können.

Gerade diese Zeichenmenge ist bestimmt für einige Anwendungen höchst interessant und wird in einigen Bereichen eine echte Alternative zu Funktelefondiensten darstellen.

5.3 Welche Flächendeckung wird ERMES haben?

Im Gegensatz zu dem regionalen Funkrufdienst Cityruf soll ERMES ein nationales Funkrufsystem werden. Es wird von einer Flächendeckung von

80 % gesprochen. Damit wird ERMES zu einer Alternative vor allem in den neuen Bundesländern, da hier kein Eurosignal-Dienst präsent ist.

5.4 Wie viele Länder werden sich an ERMES beteiligen?

Wie viele Länder den ERMES-Dienst schließlich in Betrieb nehmen werden, kann sicherlich zum heutigen Zeitpunkt niemand vorhersehen. Wenn wir die Entwicklung bei den GSM-Netzen betrachten (GSM ist der europäische Standard für das digitale Funktelefonnetz), kann man sich aber vorstellen, daß Europa auch im Funkrufbereich »zusammenwächst«.

Auf der anderen Seite haben die Erfahrungen der Vergangenheit gezeigt, daß eine reine Absichtserklärung noch lange nicht den anschließenden Aufbau eines Dienstes bedeutet (siehe Eurosignal). Heutzutage kommt keine Fernmeldeverwaltung umhin, vor Einführung eines Dienstes zu untersuchen, ob für diesen bestimmten Dienst überhaupt ein Markt vorhanden ist.

Da in der Regel diese Marktuntersuchungen erst nach Erstellen der Absichtserklärung durchgeführt werden, ist es durchaus möglich, daß die europäischen Fernmeldeverwaltungen dabei jeweils zu unterschiedlichen Ergebnissen gelangen.

Einige Länder kommen zu dem Schluß, daß sich der Aufbau des Dienstes – bei einer relativ geringen Flächendeckung- »lohnt«. Die Marktuntersuchungen anderer Fernmeldeverwaltungen jedoch können zu der Auffassung führen, daß sich der Aufbau wirtschaftlich nicht rentiert.

Diese kurzen Ausführungen sollen verdeutlichen, daß niemand die Frage – wie viele Länder sich an ERMES beteiligen werden – problemlos beantworten kann.

Wenn hier die ganze Zeit von einem paneuropäischen Funkrufdienst die Rede ist, so sollte man nicht vergessen, daß bis heute damit lediglich westeuropäische Staaten gemeint sind.

Ob sich die osteuropäischen Staaten bereiterklären werden, bei den Funkrufdiensten und Funktelefondiensten auf einen gesamteuropäischen Standard einzuschwenken, wird uns die Zukunft zeigen.

5.5 Wann wird ERMES in Deutschland eingeführt?

Da die letzten technischen Spezifikationen bei ERMES erst vor gar nicht allzu langer Zeit festgelegt worden sind, wird dieser Dienst wohl noch ca. zwei Jahre auf sich warten lassen.

Der zukünftige Netzbetreiber Telekom muß zuerst die sogenannte »Systemtechnik« ausschreiben. Nachdem irgendein Unternehmen des Telekommunikationssektors – aufgrund seines Angebots – den Zuschlag erhalten hat, muß dieses Unternehmen die technischen Spezifikationen umsetzen.

Nach Beendigung der technischen Realisierung erfolgt ein Aufbau des Dienstes in einem kleinen Gebiet. Es erfolgt eine Testphase, deren Dauer von verschiedenen Parametern abhängig ist. Nach Durchlaufen dieser o. g. Schritte wird man über eine flächendeckende Einführung des Dienstes innerhalb eines bestimmten Zeitraumes nachdenken können.

5.6 Wird es mehrere Netzbetreiber geben?

Im Hinblick auf die Deregulierung des Telekommunikationsbereiches wird es ganz bestimmt weitere Netzbetreiber geben. Im Jahre 1989 wurde zum ersten Mal in der Bundesrepublik die Lizenz für ein privates flächendeckendes Netz vergeben. Bei dieser Ausschreibung handelte es sich um das digitale Funktelefonnetz. Danach wurden Lizenzen für Bündelfunknetze ausgeschrieben und zwischzeitlich auch schon vergeben. Folgerichtig werden die nächsten Lizenzen, die ausgeschrieben werden, im Bereich der Funkrufdienste und dort speziell bei ERMES liegen.

Die Entscheidung, ob eine Lizenz für einen bestimmten Dienst ausgeschrieben wird, fällt der Bundesminister für Post- und Telekommunikation. Er legt des weiteren die Lizenzbestimmungen fest, z. B in welchem Zeitraum ein Dienst aufgebaut werden muß, welcher technische Standard benutzt werden muß oder aber ob nur Schnittstellenbedingungen gegeben werden, welche Flächendeckung anzustreben ist, etc.

Zum jetzigen Zeitpunkt kann aber noch keine Aussage darüber gemacht werden, wann die Ausschreibungen für ERMES erfolgen werden und wie die Lizenzbestimmungen seitens des Bundesministers für Post- und Telekommunikation aussehen werden.

5.7 Wird ERMES die anderen Funkrufdienste substituieren?

Die Frage, ob ERMES den Eurosignal- und Cityruf-Dienst ganz in den Schatten stellen wird, ist nicht ganz unberechtigt. Aber schauen wir uns kurz an, welche Funkrufdienste für welchen Nutzerkreis in Frage kommen.

Der Eurosignal-Dienst wird derzeit von allen favorisiert, die in großen Teilen der alten Bundesländer einen Funkrufdienst benötigen.

Des weiteren wird der Eurosignal-Dienst von Betrieben in ländlichen Gebieten, die nicht mit Cityruf versorgt sind, genutzt. Der hauptsächliche Einsatz von Cityruf liegt ganz klar in einem relativ eng begrenzten regionalen Raum. Gerade dort ist auch die Nachfrage nach Funkrufdiensten am größten.

Der ERMES-Dienst ist sicherlich besonders für die Bewohner der neuen Bundesländer interessant, da dort keine Eurosignal-Funkversorgung existiert.

Ein weiteres Kundenpotential stellen diejenigen dar, die in Grenzgebieten (z. B. zu den Benelux-Staaten) ihr Hauptbetätigungsfeld haben.

Gerade der kommende EG-Binnenmarkt wird dem Handel mit den direkten ausländischen Nachbarn neue Impulse verleihen und für viele mittelständische Unternehmen neue Absatzmärkte erschließen. Dann sind mit Sicherheit auch Kommunikationssysteme gefragt, die über die Grenzen hinweg reichen.

Das soeben Erwähnte soll verdeutlichen, daß die verschiedenen Funkrufdienste auch unterschiedliche Bedürfnisse bezüglich ihrer Kommunikation befriedigen.

Um von vornherein einen Substitutionseffekt auszuschließen, ist der Netzbetreiber Telekom gefordert, die monatlichen Kosten für die einzelnen Funkrufdienste in einem vernünftigen Verhältnis zu staffeln.

Diese Staffelung wird unter anderem darüber mit entscheiden, ob der ERMES-Dienst sich erfolgreich im Angebot der Mobilfunkpalette behaupten kann.

6 Die Technik der Funkruf-Verfahren*

6.1 Selektivrufverfahren

Selektivrufverfahren unterteilen sich in analoge und digitale Signalisierungen. Bei den analogen Verfahren werden zur Gesprächseinleitung Töne festgelegter Frequenz und Tondauer übermittelt. Dabei wird vorher vereinbart, welche Aufgabe jedem Ton bzw. jeder Tonsequenz zukommt. Im einfachsten Fall wird jeder zu übertragenden Ziffer eine feste Frequenz zugeordnet:

$1 = f_1$
$2 = f_2$
$3 = f_3$
.
.
.
$n = f_n$

6.1.1 Einzelton-Verfahren

Beim Einzelton-Verfahren wird mit der Übertragung eines einzelnen Tones ein ganz bestimmtes Funkgerät adressiert. Dieses Verfahren ist das einfachste und älteste. So wird z. B. mit der übertragenen Adressziffer $3 = f_3$ das Funkgerät Nr. 3 angesprochen; dieses geht in Empfangs- und Sendebereitschaft, während alle anderen Funkgeräte derselben Frequenz stumm bleiben. Es ist evident, daß mit einer solchen Adressierung keine weiteren Informationen übertragen werden können, zumal die Anzahl der Teilnehmer sehr beschränkt ist.

---

* Dieser Beitrag wurde mit freundlicher Genehmigung einer Fachzeitschrift der Firma Rohde und Schwarz entnommen.

6.1.2 Fünftonfolge-Verfahren

Um zusätzlich zur einfachen Adressierung auch Steuerbefehle und Organisationskommandos übertragen zu können, wurde das Einzelton-Verfahren auf die Übertragung von mehreren Tönen hintereinander, sogenannten Tonsequenzen oder Tonfolgen, erweitert.

Damit auf der einen Seite genügend Töne zur Übermittlung komplexerer Informationen zur Verfügung stehen, und andererseits keine lang andauernden, kanalblockierenden Tonfolgen eingesetzt werden müssen, wurde das Fünftonfolge-Verfahren als bester Kompromiß entwickelt. Auch hier werden den übertragenen Ziffern Frequenzen zugeordnet.

Wird beispielsweise ein Fahrzeug mit der Nummer 34567 gerufen, so werden in einer durchgehenden Folge die entsprechenden Frequenzen übertragen (Abb. 69), wobei die Dauer der Töne festgelegt sein muß, und zwar in der Regel im Bereich von 30 bis 100 ms. Mit fünf Tönen lassen sich theoretisch bis zu 100 000 Teilnehmer ansprechen. Es werden aber ein oder zwei Stellen der Tonsequenz für zusätzliche Organisationsaufgaben verwendet, z. B. zur Zuteilung eines anderen Kanals oder zur Kennzeichnung eines speziellen Rufes.

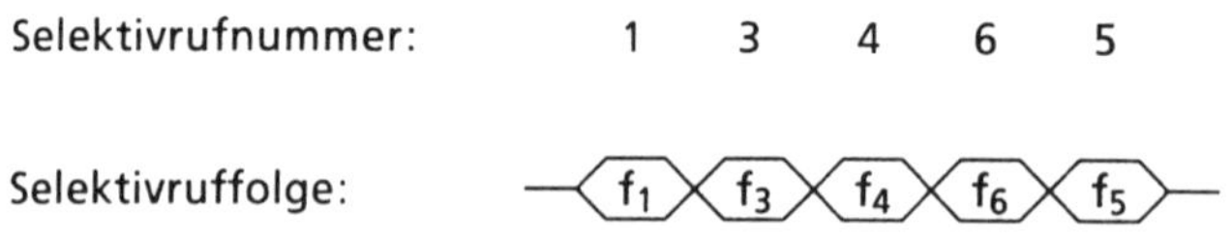

Abb. 69 Einfachste Form eines Selektivrufs, bestehend aus einer Folge von fünf gleichlangen Tönen.

Ein Problem der eindeutigen Decodierung ergibt sich, wenn dieselbe Ziffer zweimal hintereinander verwendet wird. Zur Vermeidung einer Fehlcodierung wird ein spezieller Wiederholton mit eigener Frequenz f_R in den meisten Systemen eingeführt (Abb. 70).

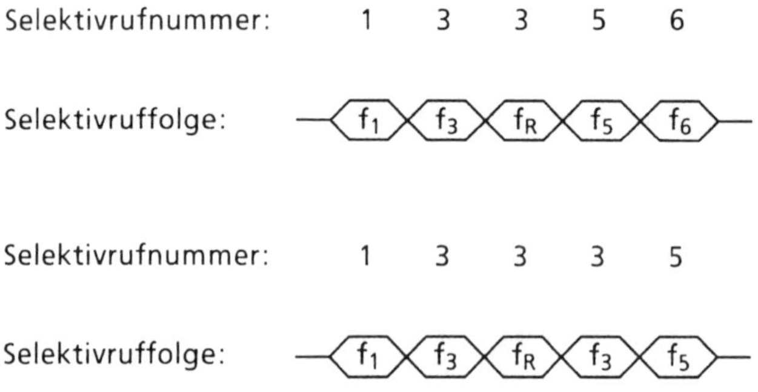

Abb. 70 Zur Wiederholung eines Einzeltons wird der sogenannte Wiederholton F_R eingefügt, wie diese zwei Beispiele zeigen.

Bei Fünftonfolgen ist es möglich, mehrere Teilnehmer gleichzeitig mit einem Gruppenton zu rufen. Dabei erhält der letzte übertragene Ton die Information für den Gruppenruf F_G. Ein Gruppenruf von 1000 Teilnehmern kann z. B. folgende Struktur aufweisen:

Ein Gruppenruf von 100 Teilnehmern:

Ein Gruppenruf von 10 Teilnehmern:

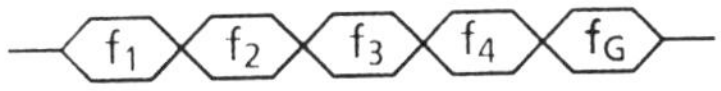

Damit bei manchen Systemen der Energieverbrauch gering bleibt, werden die Mobilgeräte in einen »Schlafzustand« versetzt, aus dem sie erst »aufgeweckt« werden müssen. Um dem Funkgerät auch genügend Zeit zum »Aufwachen« zu geben, wird in solchen Systemen der erste Ton der Fünftonsequenz in der Tondauer verlängert übertragen.

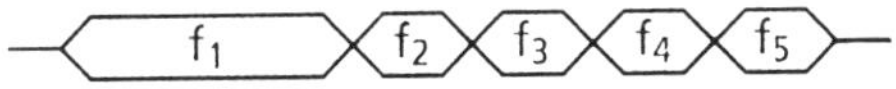

Die gleiche Technik wird angewendet zur Kompensation der bei der Übertragung über Relaisstationen auftretenden Verzögerungen. Um sicherzugehen, daß der Selektivruf auch beim Empfänger angekommen ist, verfügen manche Systeme über die Einrichtung eines Quittungsrufes. Dies kann eine spezielle Tonfolge sein oder einfacherweise die eigene Identität. Die Reaktionszeit des empfangenden Mobilgeräts beträgt zwischen 10 und 100 ms und wird als Verzögerungszeit t_D (Time Delay) bezeichnet (Abb. 71).

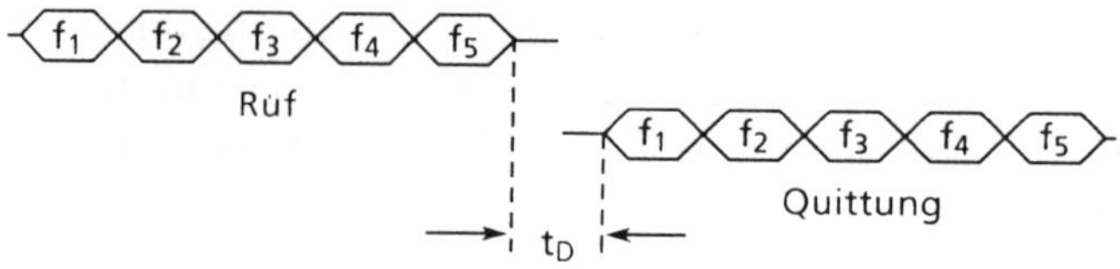

Abb. 71 Aussendung eines Selektivrufs (links) und Rücksendung einer Quittung (rechts) nach der Verzögerungszeit t_D

Als zusätzliche Adressierungsmittel individueller Mobilgeräte können auch Dauertöne sprachbegleitend übertragen werden (Abb. 72). Wenn dieser Dauerton in der Übertragung fehlen sollte, geht das betreffende Mobilgerät nicht auf Empfang. Gleichzeitig läßt sich durch eine S/N-Messung dieses Dauertones auch die Empfangsqualität am Empfänger überprüfen. Das Funkgerät arbeitet dann mit Ton-Squelch.

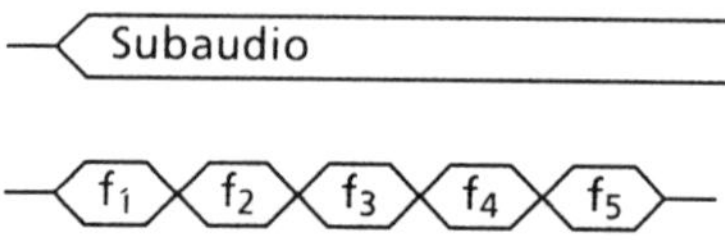

Abb. 72 Parallele Aussendung eines Subaudio-Tones.

Damit die Dauertöne nicht die Sprachübertragung beeinflussen, liegen sie in der Frequenz außerhalb des Sprachbandes (unterhalb von 300 Hz: Subaudio-Töne, oberhalb von 3,4 kHz: Superaudio-Töne, Abb. 73)

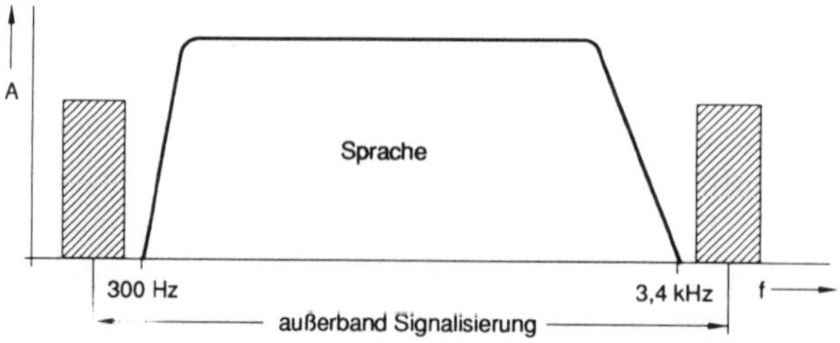

Abb. 73 Frequenzlage zusätzlicher Dauertöne

6.1.3 Selektivrufnormen

Die unterschiedlichen nationalen und internationlen Komitees entwickelten verschiedene Fünftonfolgen, wie sie in der Tabelle auf der nächsten Seite rechts unten zusammengestellt sind.

Für die Übertragung von 16 verschiedenen Ziffern und Zeichen sind beim Selektivruf mit Einzeltonfolgen auch 16 verschiedene Frequenzen notwendig. Um letztendlich die Decodierung einfacher und sicherer zu realisieren, gibt es Übertragungssysteme, in denen gleichzeitig zwei Töne zur Übertragung einer Ziffer gesendet werden. In einer Matrix, ähnlich der eines modernen Tastentelefons, erhält jedes Zeichen eine »tiefe« und eine »hohe« Frequenz. Dieses sogenannte DTMF-Verfahren (Dual Tone Multi Frequency) arbeitet mit Tonlängen von 70 ms. Die Separierung der DTMF-Töne erfolgt über einen Hochpaß und einen Tiefpaß für die nachfolgende Decodierung (Abb. 74, 75, 76).

STANDARD		ZVEI1	ZVEI2	VDEW	EIA	CCIR1	EEA	CCITT	EURO
Tondauer	ms	70	70	100	33	100	40	100	100
Pausendauer	ms	0	0	0		0	0	0	0
Code 0	Hz	2400	2200	2280	600	1981	1981	400	980
Code 1	Hz	1060	970	370	741	1124	1124	697	903
Code 2	Hz	1160	1060	450	882	1197	1197	770	833
Code 3	Hz	1270	1160	550	1023	1275	1275	852	767
Code 4	Hz	1400	1270	675	1164	1358	1358	941	707
Code 5	Hz	1530	1400	825	1305	1446	1446	1209	652
Code 6	Hz	1670	1530	1010	1446	1540	1540	1335	601
Code 7	Hz	1830	1670	1240	1587	1640	1640	1477	554
Code 8	Hz	2000	1830	1520	1728	1747	1747	1633	511
Code 9	Hz	2200	2000	1860	1869	1860	1860	1800	471
Wiederholton	Hz	2600	2400	2400	459	2110	2110	2300	1063
Alarmton	Hz	2800				2400	2400		
Freiton	Hz								1153
Gruppenton	Hz						1055		

Tabelle: Zusammenstellung der gebräuchlichen, von nationalen und internationalen Komitees entwickelten Selektivrufnormen

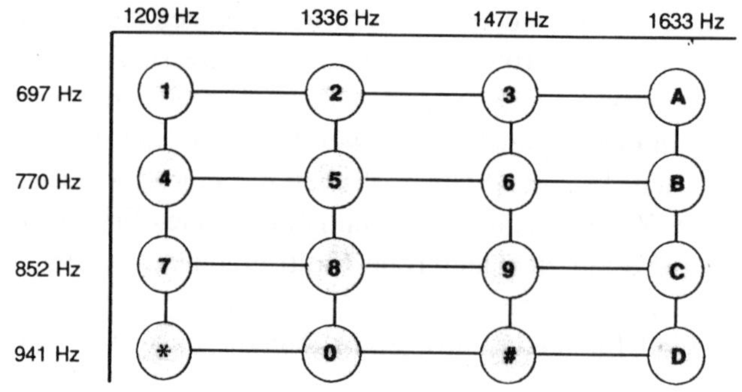

Abb. 74 Tastenanordnung und zugehörige Tonkombinationen für das DTMF-Wahlverfahren.

Abb. 75 Beispiel einer Rufnummer, umgesetzt in eine DTMF-Folge

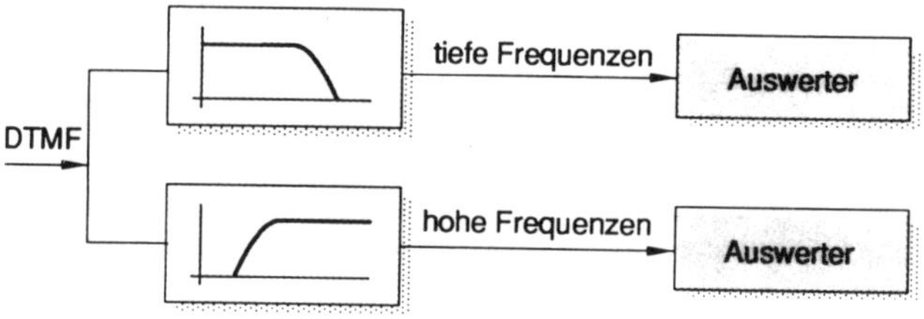

Abb. 76 Decodierung von DTMF-Folgen nach Durchlaufen parallel geschalteter Hoch- und Tiefpässe

6.2 Digitale Selektivrufverfahren

Die Vorteile von digitalen Verfahren, in denen nur logische »O«- und »1«-Signale übertragen werden, liegen nicht nur in der höheren Übertragungsrate, sondern auch in der technisch einfacheren Demodulation und Decodierung, in der Möglichkeit eines automatischen Datenaustausches und in der Erkennung und gegebenenfalls Korrektur fehlerhafter Bits. Die Kombination der logischen »O« und »1« ist die eigentliche Codierung. Die häufigste Codierung ist der Hexadezimal-Code. Jedem Wert zwischen O und F(15) wird hier eine 4-bit-Kombination zugeordnet:

Wert	Code	Wert	Code	Wert	Code	Wert	Code
0	0000	4	0100	8	1000	C (12)	1100
1	0001	5	0101	9	1001	D (13)	1101
2	0010	6	0110	A (10)	1010	E (14)	1110
3	0011	7	0111	B (11)	1011	F (15)	1111

Wird im Hexadezimal-Code ein einziges Bit verändert, so entsteht wiederum ein gültiges Codewort. Die Anzahl der zu verändernden, zu einem zweiten gültigen Codewort führenden Bits wird als Hamming-Distanz bezeichnet. Bei einer Hamming-Distanz von 1 kann demnach bei der Übertragung eines falschen Bits nicht auf einen Fehler geschlossen werden. Um dem Übertragungssystem die Möglichkeit zu geben, Fehlübertragungen zu erkennen, muß wenigstens ein weiteres Bit dem Codewort zugegeben werden. Diese zusätzlichen Bits bezeichnet man auch als Paritäts- oder Redundanzbits.

Die einfachste Form der Paritätserzeugnung ist die Ergänzung auf gerade oder ungerade Parität. Bei gerader Parität wird der Wert des zusätzlichen Redundanzbits so gewählt, daß die Anzahl aller Einsen gerade ist. Analog dazu wird die Anzahl der Einsen bei ungerader Parität ungerade gehalten.

Wert	**Informationsbits**	**gerade Parität**
0	0000	0
1	0001	1
2	0010	1
3	0011	0
4	0100	1
5	0101	0
–	–	–
–	–	–
–	–	–
E(14)	1110	1
F(15)	1111	0

Werden jetzt aber bei einer Codierung mit einem Redundanzbit zwei Bits fehlerhaft übertragen, entsteht wieder ein gültiges Codewort. Somit werden zur Erkennung mehrerer Fehlerbits und ihrer eventuellen Korrektur auch mehrere Redundanzbits benötigt. Die einfachste Redundanzbildung wäre die Wiederholung eines gesendeten Datenwortes; die gebäuchlichste dagegen ist die unter Verwendung eines sogenannten Generatorpolynoms. Hier wird mit Hilfe eines vereinbarten Rechenalgorithmus aus den Informationsbits das Redundanzwort berechnet.

Im folgenden Beispiel wird mit dem Generatorpolynom

$G = X^7 + X^4 + X^2 + 1$ =

1	0	0	1	0	1	0	1
7			4		2		1

Wertigkeit

für das Datenwort 10111010 das Redundanzwort ermittelt. Die logische Verknüpfung des Datencodeworts mit dem Generatorpolynom wird mit der Exclusiv-ODER-Funktion realisiert; führende Nullen fallen weg:

```
1 0 1 1 1 0 1 0 |
1 0 0 1 0 1 0 1 |
----------------+
0 0 1 0 1 1 1 1 | 0 0
    1 0 0 1 0 1 | 0 1
----------------+----
    0 0 1 0 1 0 | 0 1 0 0
        1 0 0 1 | 0 1 0 1
----------------+--------
        0 0 1 1 | 0 0 0 1 0 0
            1 0 | 0 1 0 1 0 1
----------------+------------
            0 1 | 0 1 0 0 0 1 0
              1 | 0 0 1 0 1 0 1
----------------+--------------
              0 | 0 1 1 0 1 1 1
```

Somit ist die Redundanz zu 0110111 berechnet worden. Greifen mehrere Rechenalgorithmen bei der Bildung des Redundanzbits ineinander, so entsteht eine sogenannte Blockcodierung (Abb. 77).

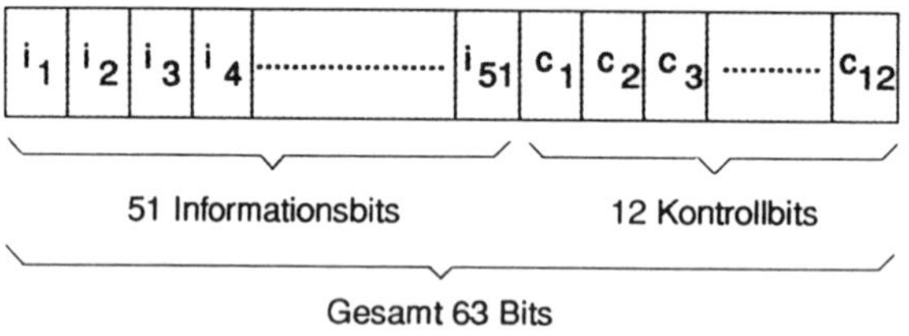

Abb. 77 Aufbau eines Block-Codes.

6.2.1 Format der Datenübertragung

Prinzipiell besteht ein Datenstrom aus einer Folge von Datenwörtern (Informationsbits) und den Redundanzbits. Am Anfang eines solchen Datenstroms muß der Empfänger erst auf die Taktfrequenz der ankommenden Bits synchronisiert werden. Diese Bitsynchronisation wird meist durch eine einfache 1010...10-Folge realisiert. Um dem Empfänger zu signalisieren, ab welchem Bit die eigentliche Information beginnt, wird mit einer fest definierten Bitfolge eine sogenannte Wortsynchronisation vorausgeschickt. Nach Erhalt dieser bekannten Bitfolge ist der Empfänger bereit, die Informationsbits zu decodieren (Abb. 78). Dabei schneidet der Empfänger die Redundanzbits ab und bildet aus den Informationsbits mit Hilfe desselben Rechenalgorithmus die Redundanz. Diese »Soll-Redundanz« wird dann mit der tatsächlich empfangenen Redundanz verglichen, wobei eventuelle Fehler erkannt und, wenn möglich, korrigiert werden.

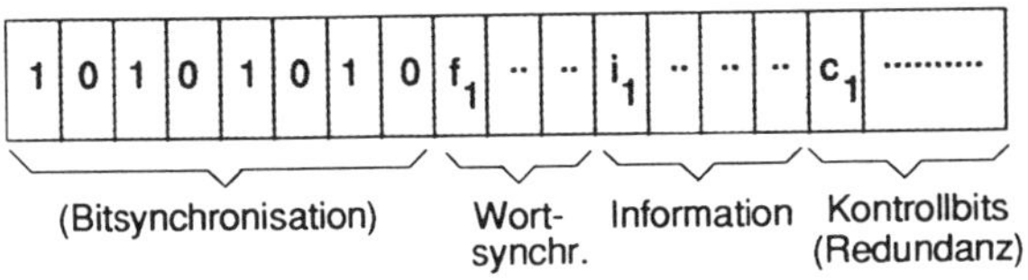

Abb. 78 Struktur eines Telegramms.

6.2.2 Übertragungsverfahren

Zur Übertragung der logischen Information über einen HF-Träger werden zwei Verfahren angewandt: die direkte Trägerumtastung und die Frequenzumtastung (FSK, Frequency Shift Keying).

Direkte Trägerumtastung

Bei der direkten Trägerumtastung entspricht eine zu übertragende 1 einem positiven Frequenzversatz von ΔF, eine 0 einem negativen Frequenzversatz:

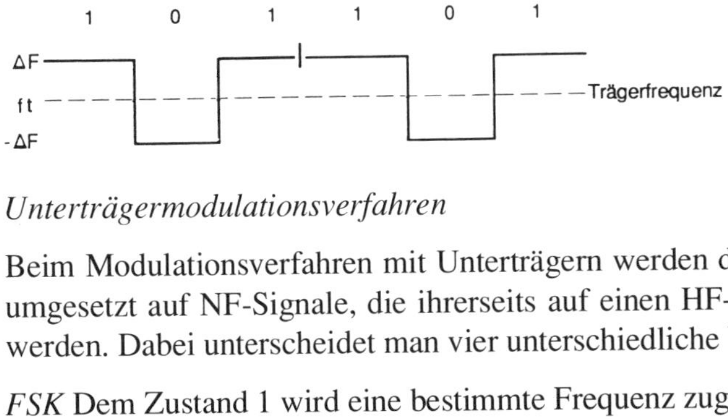

Unterträgermodulationsverfahren

Beim Modulationsverfahren mit Unterträgern werden die Zustände 1 und 0 umgesetzt auf NF-Signale, die ihrerseits auf einen HF-Träger aufmoduliert werden. Dabei unterscheidet man vier unterschiedliche Verfahrensweisen.

FSK Dem Zustand 1 wird eine bestimmte Frequenz zugeordnet, ebenso dem Zustand 0. Bei jedem Zustandswechsel des Bitstroms erfolgt ein Wechsel in der Frequenz (Abb. 79), zum Beispiel:

»0« Frequenz = 1000 Hz
»1« Freguenz = 2000 Hz

Die Übertragungsgeschwindigkeit ist in diesem Beispiel auf 500 bit/s festgelegt.

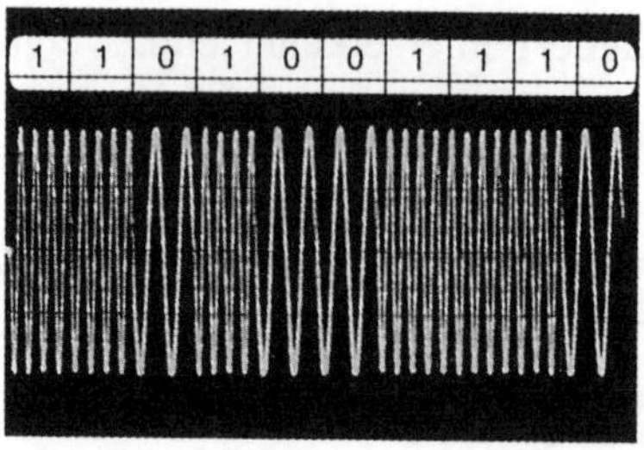

Abb. 79 Frequenzumtastung des Unterträgers (FSK) im Moment des Bitstrom-Zustandswechsels

FFSK Während beim FSK-Verfahren keine notwendige Beziehung zwischen der »0«- und der »1«-Frequenz besteht, stehen im FFSK-Verfahren (Fast Frequency Shift Keying, phasenkohärente Frequenzumtastung) die beiden Unterträgerfrequenzen in einem bestimmten Verhältnis zueinander. Charakteristisch für das FFSK-Verfahren ist der Frequenzwechsel im Nulldurchgang (Abb. 80). Beispiel:

0 = 1/2 Periode von 300 Hz
1 = 2/3 Perioden von 900 Hz

Die Übertragungsgeschwindigkeit liegt hier bei 600 bit/s. Am gebräuchlichsten ist das Verfahren mit den Frequenzen:

0 = 2/3 Perioden von 1800 Hz
1 = 2/2 Perioden von 1200 Hz

Hier beträgt die Übertragungsgeschwindigkeit 1200 bit/s.

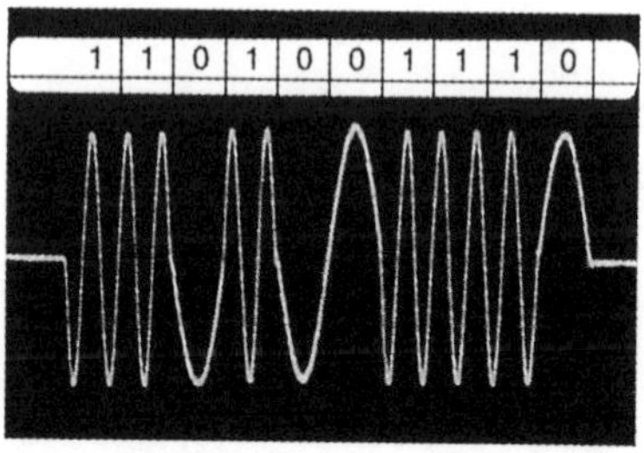

Abb. 80 Schnelle Frequenzumtastung (FFSK). Die Zuordnung der Phasenlage im Moment des Frequenzwechsel ist hier eindeutig im Nulldurchgang als Vielfaches von 180° definiert.

PSK Beim Phasenumtastungsverfahren (PSK, Phase Shift Keying) wird nur eine NF-Frequenz verwendet. Die Information steckt in den Phasenwechseln, entsprechend der Zustandsänderung des Bitstroms (Abb. 81). Beispiel:

0 = 1 = 3/2 Perioden von 927,5 Hz

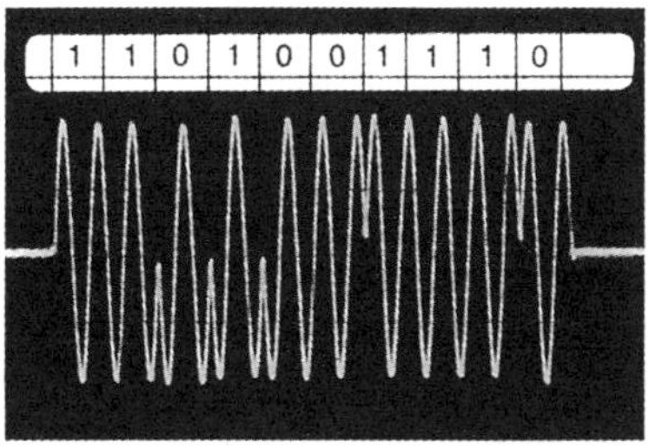

Abb. 81 Bei PSK findet eine Phasenumtastung des Modulationssignals von 180° im Nulldurchgang statt.

Die Übertragungsgeschwindigkeit beträgt dabei 625 bit/s. Besonders wichtig ist, daß der Empfänger über die Anfangsphase informiert ist. Nachteilig wirken sich zusätzliche Phasenververschiebungen aus, die zwangsweise durch die Bewegung des Mobilgeräts entstehen. Um diesen Effekt auszuschließen, wurde das DPSK-Verfahren (Difference Phase Shift Keying, Phasendifferenzumtastung) eingeführt.

DPSK Beim DPSK-0-Verfahren wird die Phase nur dann umgetastet, wenn eine neu auftretende 0 erscheint. Phasendrehungen, die aufgrund der Bewegung entstehen, haben somit keinen Einfluß mehr (Abb. 82):

0 = 1 = 3/2 Perioden von 937,5 Hz

Die Übertragungsgeschwindigkeit liegt hier bei 625 bit/s. Analog zum DPSK-0-Verfahren wird beim DPSK-1-Verfahren bei jeder neu auftretenden 1 umgetastet (Abb. 83).

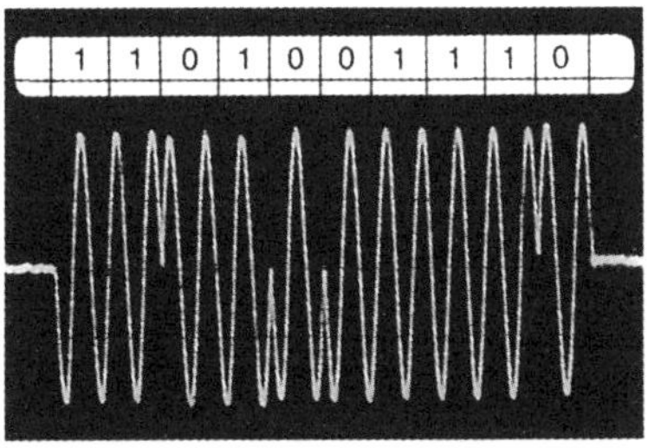

Abb. 82 Differenz-Phasenumtastung (DPSK 0)

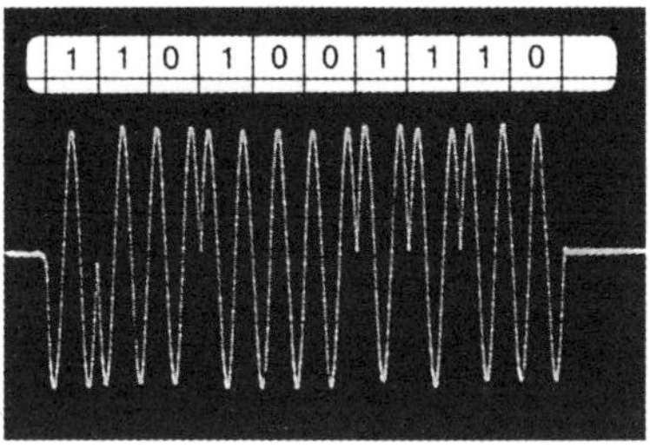

Abb. 83 DPSK 1 mit umgekehrten Verhältnissen zu DPSK 0

6.2.3 Digitaler Selektivruf nach ZVEI

Mit dem Selektivrufverfahren im allgemeinen wurde eine Möglichkeit geschaffen, mit Hilfe verabredeter Frequenzen im Sprachbereich Informationen zu übermitteln. Damit sich diese Einzeltöne einwandfrei und eindeutig erkennen lassen, müssen die Einzelfequenzen, die zum Informationsblock gehören, für eine gewisse Zeit vorhanden sein. Somit haben die Töne der einzelnen Standards eine ganz bestimmte Tondauer; z. B. EIA 33 ms, ZVEI 70 ms und CCIR 100 ms.

Es vergeht also eine gewisse Zeit, bis die Nachricht übertragen ist. Damit sind umfangreichere Informationen per Selektivrufverfahren nur mit einem technisch nicht zu vertretenden Aufwand zu übermitteln. Mit dem digitalen Selektivruf besteht die Möglichkeit, vergleichsweise mehr Informationen in kürzerer Zeit zu übertragen (Abb. 84). Die Informationen müssen digitalisiert und der Trägerfrequenz aufmoduliert werden. Doch nicht nur die kürzere Anrufzeit macht den digitalen Selektivruf attraktiv; es können zusätzliche Informationen über Status, Kennung des rufenden Teilnehmers u. a. mit übertragen werden. Der Empfänger kann automatisch auf den Erhalt von Telegrammen reagieren, womit sich ein automatischer Austausch von Tele-

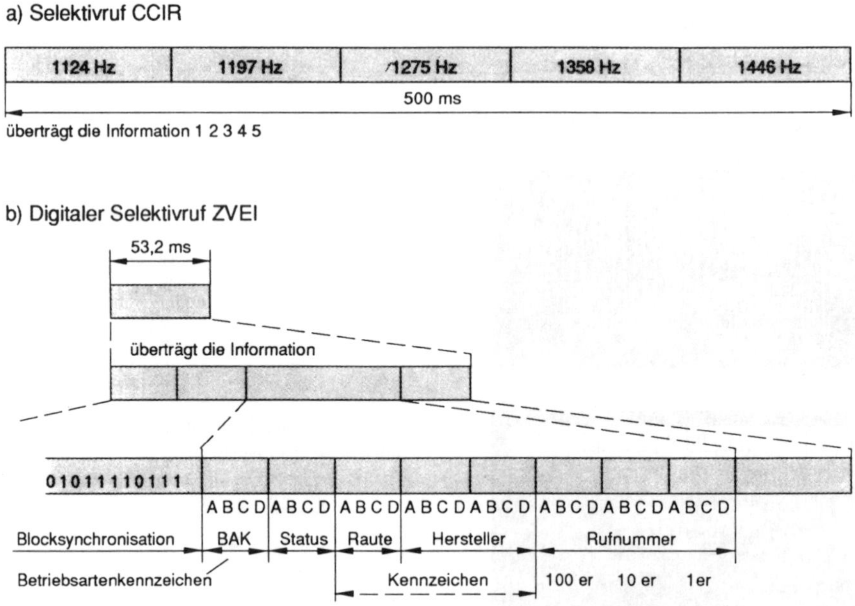

Abb. 84 Tonrufverfahren nach CCIR (a) im Vergleich zum digitalen Selektivruf nach ZVEI (b)

grammen und Kurzmeldungen realisieren läßt, was zur Zuverlässigkeit des Kommunikationssystems beiträgt.

Im ZVEI-Digital-Standard, der für die Anwendung im nicht-öffentlichen Mobilfunk aufgestellt wurde, ist FFSK mit der Übertragunggeschwindigkeit von 1200 bit/s festgelegt. Als Darstellungsweise zur Übertragung der Ziffern wurde der BCD-Code gewählt. Vor Beginn des Datensignals muß unabhängig von der Sendereinschaltzeit für 25 ms ein unmodulierter HF-Träger empfangen werden, der dann mindestens für die letzten 5,8 ms in eine 0-1-Folge übergeht.

Bit-Nummer	-6	-5	-4	-3	-2	-1	0
Bit-Muster	0	1	0	1	0	1	0

Zur Bitsynchronisation werden nach einem Trägervorlauf von 9 bit mit einer 1-0-Folge übertragen:

Bit-Nummer	1	2	3	4	5	6	7	8	9
Bit-Muster	1	0	1	0	1	0	1	0	1

Für die Wortsynchronisation bzw. Blocksynchronisation wird eine feste Bitfrequenz von 15 bit verwendet:

Bit-Nummer	10	11	12	13	14	15	16	17	18	19	20	21	22	23	24
Bit-Muster	0	1	0	0	0	1	0	1	1	1	1	0	1	1	1

Das eigentliche Telegramm besteht aus 32 Informations- und 8 Redundanzbits. Die 32 Informationsbits teilen sich in folgende Parameter auf:

Betriebsartenkennung BAK 4 bit

Die BAK gibt Aufschluß darüber, welche Aufgabe das jeweilige Telegramm hat. Die einzelnen Rufarten und die Statusabfrage verlangen eine Quittung. Dabei unterscheidet man zwischen der passiven Quittung (das Mobilgerät quittiert automatisch den Erhalt eines Rufes) und der aktiven Quittung (der Teilnehmer selbst drückt die Ruftaste oder Sendetaste, was das Absenden dieses zweiten Quittungstelegramms bewirkt).

Aufgabe	Codierung
frei verfügbar	0000
Ruf zum Fahrzeug (Q)	0001
Ruf zur Leitstelle (Q)	0010
Kennung	0011
Quittung passiv	0100
Reserve	0101
Trennruf (Q)	0110
Reserve	0111
Vorrangruf (Q)	1000
Statusabfrage (Q)	1001
Reserve	1010
Quittung aktiv	1011
Reserve	1100
frei verfügbar	1101
frei verfügbar	1110
Notruf	1111

(Q) erfordert eine Quittung. Reserve bedeutet frei für zukünftige Spezifikationserweiterungen; »Frei-verfügbar«-Parameter stehen dem einzelnen Netzanwender zur individuellen Benutzung zur Verfügung.

Status 4 bit

Grundsätzlich steht dem Netzbetreiber die Verwendung des Status offen. Er kann herangezogen werden zur Übertragung zusätzlicher Informationen wie Bauart des Gerätes oder welcher Sprachkanal bevorzugt verwendet werden soll.

Raute 4 bit

Das Rautenkennzeichen dient der zusätzlichen Unterscheidung innerhalb eines Herstellerkennzeichens. Somit lassen sich in der Signalisierung die einzelnen Modelle eines Herstellers unterscheiden.

Herstellerkennzeichen 8 bit

Jedem Hersteller hat der ZVEI einen bestimmten Code zugeordnet (Abb. 84).

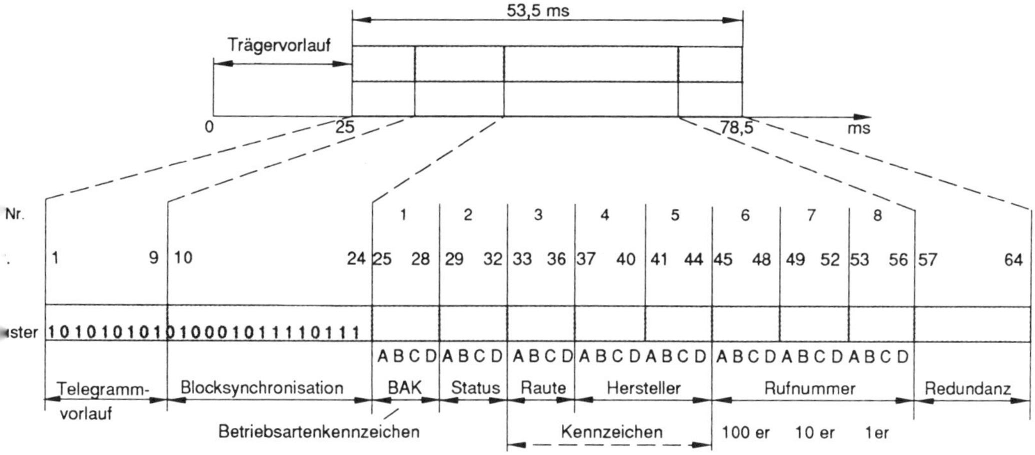

Abb. 85 Gesamtaufbau des ZVEI-Telegramms

Rufnummer 12 bit

Die Rufnummer besteht aus drei Ziffern und wird im BCD-Code übertragen. Beim Gruppenruf werden die nicht benötigten Stellen mit Pseudo-Tetraden (1111) aufgefüllt. Beispiel:

Einzelruf	1 4 8	0001 0100 1000
10er Gruppenruf	1 4 X	0001 0100 1111
100er Gruppenruf	1 X X	0001 1111 1111
1000er Gruppenruf	X X X	1111 1111 1111

Redundanz

Die Bildung der Redundanz erfolgt über das Generatorpolynom $G = x^8 + x^7 + x^4 + 1$ wobei die Redundanzbits invertiert übertragen werden.

Quittung

Rufarten und Statusabfrage müssen quittiert werden, die feste Reaktionszeit ist mit 150 ms ±10 % definiert (Abb. 86).

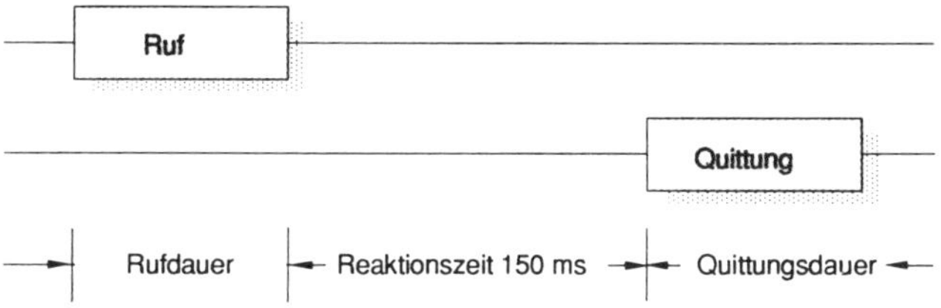

Bild 86 Zeitdiagramm für die Rufquittung

6.3 Personenrufsysteme nach POCSAG-Standard

Personenrufsysteme arbeiten nur in eine Richtung, wobei ein Sender eine große Anzahl von Empfängern bedient. Neben privaten Personenrufsystemen werden jeweils von der nationalen Telecom öffentliche Rufdienste angeboten. In der Bundesrepublik Deutschland läuft dieser öffentliche Pagerdienst unter dem Namen »Cityruf«; der dafür verwendete Standard ist POCSAG (British Post Office Standardization Advisory Group).

POCSAG schreibt einige grundsätzliche Anforderungen vor wie:

- es sollen mindestens 2 Millionen Teilnehmer erfaßt werden,
- jeder Pager beherrscht wenigstens vier verschiedene Rufarten,
- es muß die Möglichkeit zur Nachrichtenübertragung bestehen,
- es müssen bis zu 15 Rufe pro Sekunde möglich sein,
- die Datenübertragungssicherheit muß gewährleistet sein,
- eine Batteriesparschaltung gewährleistet eine lange Betriebsdauer,
- eine einziger HF-Kanal muß zur landesweiten Flächendeckung aureichen.

Dieser Standard ist in nahezu allen westlichen Industrieländern für nationale öffentliche Funk-Personenrufsysteme eingeführt. Dabei unterscheidet man zwischen drei Arten von Pagern:

Nur-Ton-Pager

Der gerufene Teilnehmer erhält die Information über die vier verschiedenen Rufarten.

Numerische Pager

Der gerufene Teilnehmer erhält die Information in Form von übertragenen Ziffern, die er am Pager-Display ablesen kann.

Alphanumerische Pager

Der gerufene Teilnehmer erhält die Information in Form von alphanumerischen Nachrichten.

Der Übertragungsweg ist prinzipell immer derselbe. Der Rufende wählt eine bestimmte Vorwahl, die ihn mit der entsprechenden Schaltzentrale verbindet, und wählt im Anschluß daran die Rufnummer des gewünschten Teilnehmers. Nur-Ton-Pager und numerische Pager können von modernen Telefonen mit DTMF-Wahl angerufen werden; für Telefone ohne DTMF-Wahl und für alphanumrische Pager muß die Nachricht der Schaltzentrale übermittelt werden, die dann ihrerseits die Nachricht für den Pager umsetzt. In der Bundesrepublik Deutschland können folgende Telefon-Sonderdienste angerufen werden:

Funkrufannahme		(01 69 51)
Zugangszahlen	Alphanumerik	01 691
	Numerik	01 68
	Nur-Ton	01 64

Die jeweiligen Nachrichten werden nach Empfang vom Pager decodiert, in seinen Speicher eingelesen, und stehen dann auf Abruf zur Verfügung.

Eine Quittung für den korrekten Erhalt einer Nachricht gibt es nicht, da die Pager Einkanal-Geräte sind. Daraus resultiert aber der Vorteil, daß sie in großer Stückzahl preislich attraktiv produziert und auf den Markt gebracht werden können. Zudem handelt es sich um kleine, leichte Geräte. Diese Vorteile müssen mit einem großen Aufwand auf der Senderseite erkauft werden. Bei einem landesweiten Paging-Netz sind Probleme der Interferenz, der Frequenzsynchronität, der Senderhubgenauigkeit und der Modulationsphasengleichheit sämtlicher Sender zu beherrschen. So wird beim POCSAG-System das zu versorgende Land in eine Anzahl von Gebieten unterteilt, wobei jedes Gebiet wiederum aus drei Teilbereichen besteht (Abb. 87). In diesen Teilbereichen (hier mit A, B und C bezeichnet) wird nur seriell, also im zeitmultiplex, die Paging-Information zyklisch gesendet. Auf diese Weise ist gewährleistet, daß in sich überlappenden Sendebereichen nicht zur gleichen Zeit dieselbe Information empfangen werden kann.

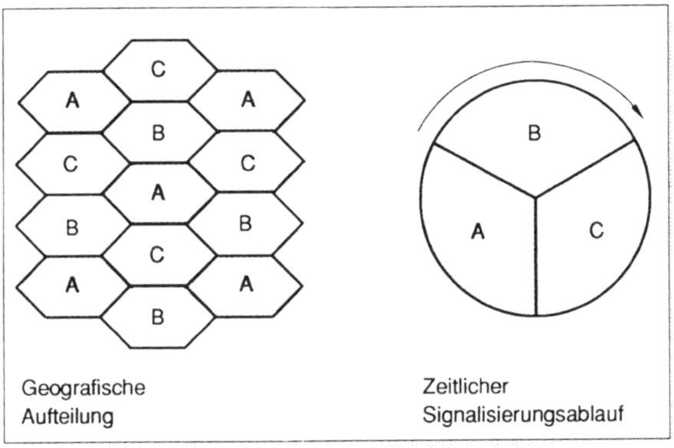

Abb. 87 POCSAG-System: Aufteilung in drei Teilbereiche und serielle, zyklische Informationsaussendung

Um ein unnötiges landesweites Ausstrahlen von Rufen zu vermeiden, kann der Benutzer dem System mitteilen, in welchen Regionen der Ruf ausgesendet werden soll; entsprechend ist die Gebühr für diesen Dienst gestaffelt.

6.3.1 POCSAG-Codierung

Grundsätzlich wird nach dem Einschalten des HF-Trägers zuerst eine Bitsynchronisation (Präambel) gesendet, was die Synchronisation des Empfängers auf die Taktfrequenz gewährleistet. Die Modulation erfolgt mit direkter Trägerumtastung und einer Übertragungsgeschwindigkeit von 512 bit/s. Die Präambel beinhaltet mindestens 576 bit und stellt eine kontinuierliche wechselnde 0–1-Folge dar. Im Anschluß an die Präambel kommen sogenannte Batches, in welchen die eigentliche Information enthalten ist. Jedes Batch ist 17 x 32 = 544 bit lang (Abb. 88).

Preambel	1. Batch	2. Batch	3. Batch
> 576 bit =	17x32 bit	17x32 bit	17x32 bit

Abb. 88 Aufbau des POCSAG-Telegramms

Jedes Bit ist wie folgt strukturiert: Am Anfang jedes Batches steht ein 32 bit langes Synchronisations-Codewort (SC) mit fest definiertem Inhalt, wie es Abb. 89 zeigt. Dem Synchronisations-Codewort folgen acht Frames, die wiederum je zwei Codeworte enthalten. Der Nachrichteninhalt dieser Codewort kann eine Pageradresse oder die einer Pageradresse zugeordnete Nachricht sein (Abb. 90). Die in einem Batch vorhandenen acht Frames sind von 0 bis 7 numeriert. Entsprechend dieser Numerierung sind auch die Pager durch die letzten drei Bit ihrer insgesamt 21 bit langen Rufnummer in acht Gruppen aufgeteilt; ein Pager wird immer nur in dem infolge seiner Identität festgelegten Frame empfangen. Der Pager mit den letzen drei Bit seiner Rufnummer 010 erwartet also seinen Ruf in Frame 2, der mit 111 wird nur auf den Frame 7 achten. Auf diese Weise ist gewährleistet, daß sich in Pagern Batteriesparschaltungen einsetzen lassen.

Bit-Nr.	1	2	3	4	5	6	7	8	9	10	11	12	13	14	15	16
Bit	0	1	1	1	1	1	0	0	1	1	0	1	0	0	1	0
Bit-Nr.	17	18	19	20	21	22	23	24	25	26	27	28	29	30	31	32
Bit	0	0	0	1	0	1	0	1	1	1	0	1	1	0	0	0

Abb. 89 Inhalt des Synchronisations-Codewortes

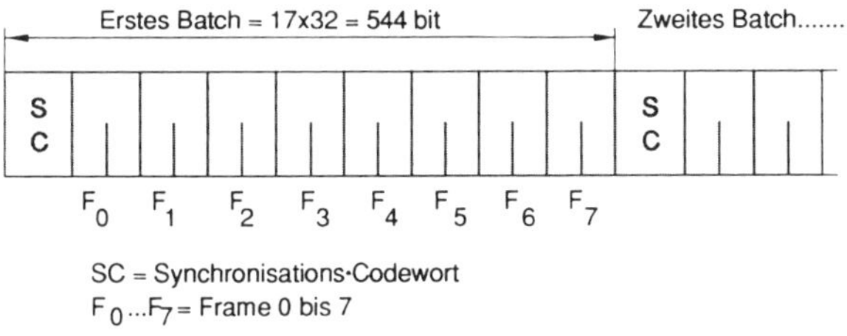

Abb. 90 Batch-Struktur mit Synchronisations-Codewort und den folgenden acht Frames F_0 bis F_7

Bit-Nr.	1	2	3	4	5	6	7	8	9	10	11	12	13	14	15	16
Bit	0	1	1	1	1	0	1	0	1	0	0	0	1	0	0	1
Bit-Nr.	17	18	19	20	21	22	23	24	25	26	27	28	29	30	31	32
Bit	1	1	0	0	0	0	0	1	1	0	0	1	0	1	1	1

Abb. 91 Das Idle-Codewort (Füllwort) wird solange gesetzt, bis eine neue Adresse oder das Synchronisationswort zu Beginn eines neuen Batches kommt.

Im Anschluß an die zu Beginn eines Frames stehende Adresse kann eine beliebig lange Nachricht gesendet werden. Falls nach dem Ende der Nachricht in dem sich ergebenden Frame keine neue Adresse zu senden ist, werden die folgenden Codewortpositionen so lange mit Füllworten (Idle Codewords) besetzt (Abb. 91), bis entweder eine neue Adresse oder das Synchronisationswort zu Beginn eines neuen Batches kommt. Entsprechend der Länge des Synchronisations-Codewortes haben sowohl das Adress-Codewort als auch das Nachrichten-Codewort eine Länge von 32 bit, lediglich die Struktur ist anders (Abb. 92). Bei einer Adresse beginnt das Adress-Codewort mit 0, gefolgt von den 18 signifikantesten der insgesamt 21 bit langen Pager-Rufnummer. Die »restlichen« drei Bit dienen zur Festigung der Frame-Nummer 0 bis 7, in der die Rufnummer übertragen wird und der ein Pager fest zugeordnet ist. Somit lassen sich auf diese Weise 2,09 Millionen Teilnehmergeräte erfassen.

1	Bit 2...19	20/21	22...31	32
message flag = 0	Adress Bits	Funktion Bits	Parity Check Bits	gerade Parität
message flag = 1	Message Bits		Parity Check Bits	gerade Parität

Abb. 92 Struktur der Adress- und message-Codewörter

Die beiden folgenden Bits Nr. 20 und 21 legen den Funktionscode fest und bestimmen u. a. das vom Pager abgegebene Wecksignal der vier verschiedenen Rufarten. Die Bits 22 bis 31 stellen die Redundanz dar und werden entsprechend dem Generatorpolynom $G = x^{10} + x^9 + x^8 + x^6 + x^5 + x^3 + 1$ gebildet. Bit 32 ist ein zusätzliches Paritätsbit zur Ergänzung des gesamten Codeworts auf gerade Parität.

6.4 Cityruf

Für den Cityruf werden mehrere Sendefrequenzen verwendet. Da die Empfänger nach wie vor Einkanal-Empfänger sind, wechseln die Sender einer Sendezone zyklisch die Übertragungsfrequenz.

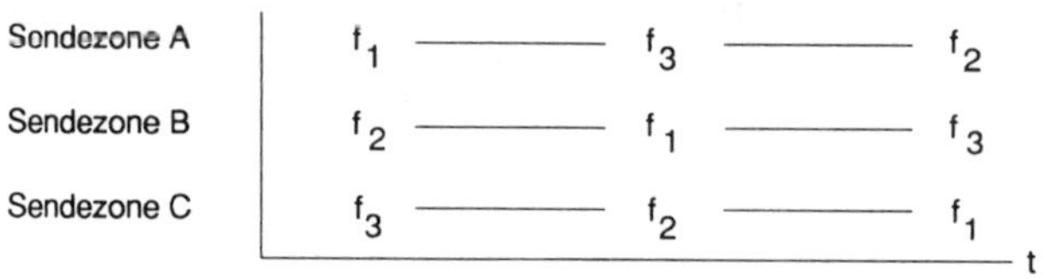

Die im deutschen Cityruf-Standard festgelegten Frequenzparameter umfassen das Frequenzband von 450 bis 470 MHz mit einem Kanalraster von 20 kHz.

Sachverzeichnis